図解まるわかり

VR・AR・MRのしくみ

Virtual Reality・Augmented Reality・Mixed Reality

monoAI technology 株式会社 【著】

本書内容に関するお問い合わせについて

このたびは翔泳社の書籍をお買い上げいただき、誠にありがとうございます。弊社では、読者の皆様からのお問い合わせに適切に対応させていただくため、以下のガイドラインへのご協力をお願い致しております。下記項目をお読みいただき、手順に従ってお問い合わせください。

●ご質問される前に

弊社Webサイトの「正誤表」をご参照ください。これまでに判明した正誤や追加情報を掲載しています。

正誤表　https://www.shoeisha.co.jp/book/errata/

●ご質問方法

弊社Webサイトの「書籍に関するお問い合わせ」をご利用ください。

書籍に関するお問い合わせ　https://www.shoeisha.co.jp/book/qa/

インターネットをご利用でない場合は、FAXまたは郵便にて、下記"翔泳社 愛読者サービスセンター"までお問い合わせください。
電話でのご質問は、お受けしておりません。

●回答について

回答は、ご質問いただいた手段によってご返事申し上げます。ご質問の内容によっては、回答に数日ないしはそれ以上の期間を要する場合があります。

●ご質問に際してのご注意

本書の対象を超えるもの、記述箇所を特定されないもの、また読者固有の環境に起因するご質問等にはお答えできませんので、予めご了承ください。

●郵便物送付先およびFAX番号

送付先住所　〒160-0006　東京都新宿区舟町5
FAX番号　　03-5362-3818
宛先　　　　（株）翔泳社 愛読者サービスセンター

※本書に記載されたURL等は予告なく変更される場合があります。
※本書の出版にあたっては正確な記述につとめましたが、著者や出版社などのいずれも、本書の内容に対してなんらかの保証をするものではなく、内容やサンプルに基づくいかなる運用結果に関してもいっさいの責任を負いません。
※本書に記載されている会社名、製品名はそれぞれ各社の商標および登録商標です。
※本書の内容は2024年9月1日現在の情報などに基づいています。

はじめに

　仮想と現実の境界線が曖昧になりつつある現代。XR（クロスリアリティ）技術は、私たちの生活や仕事、そして娯楽の在り方を根本から変えようとしています。

　XRの世界は、拡張現実（AR）、仮想現実（VR）、複合現実（MR）などの視覚的技術を中心に構成されています。これらの技術は、それぞれが異なる特性を持ちつつも、共通して現実と仮想をシームレスに結びつける力を持っています。

　XRは、ゲームやエンターテインメントだけでなく、医療、教育、製造業など多岐にわたる分野での応用が期待されており、昨今では、ハードウェアの発展も著しい業界です。

　本書では、XR技術の基本概念から始まり、各技術のしくみ、開発手法や、実際の応用例まで包括的に説明し、XR技術がどのように発展してきたのか、そしてどのように私たちの身近な生活に影響を与えているのかを詳しく解説します。

　本書を通じて、XR技術の基礎を固めることで、今後の技術革新にも柔軟に対応できる力が身につくはずです。

　未来を創造する第一歩として、この書籍が皆さんの手助けとなることを願っています。

2024年9月
monoAI technology 株式会社

目次

はじめに ………………………………………………………………………………… 3

第1章 XRとは?
～ 仮想現実と現実世界の融合 ～
11

1-1 XRの定義
XR、AR、VR、MR ……………………………………………………………… 12

1-2 XRが注目を集める理由
没入体験、高速・大容量通信 ………………………………………………… 14

1-3 現実世界の見え方を変えるAR
拡張現実 ………………………………………………………………………… 16

1-4 新たな空間に入り込めるVR
仮想現実、3次元映像 ………………………………………………………… 18

1-5 ARとVRの中間に位置するMR
複合現実、混合現実、空間マッピング技術 ………………………………… 20

1-6 XRをけん引するVR·AR技術の歴史
Pygmalion's Spectacles、ポケモンGO ……………………………………… 22

1-7 XRと密接するテクノロジー①
リアルタイムレンダリング、解像度、リフレッシュレート ……………… 24

1-8 XRと密接するテクノロジー②
ネットワーク、AI ……………………………………………………………… 26

やってみよう XRを分類してみよう ……………………………………… 28

第2章 VRの基礎技術
～ XRを実現する必須の要素 ～
29

2-1 人間の視覚
視野角、両眼視差、輻輳開散運動、焦点距離、瞳孔間距離 ……………… 30

2-2 XRデバイスの種類
スタンドアロン型、外部接続型、シースルー型、完全没入型 …………… 32

2-3 高画質化のしくみ
コンピュータ接続型VR ……………………………………………………… 34

2-4 VRレンズのしくみ
フレネルレンズ、パンケーキレンズ ………………………………………… 36

2-5 VRの根幹をなす高解像度ディスプレイ
PPD ……………………………………………………………………………… 38

2-6 滑らかな動きを表現
表示遅延、NPU …………………………………………………………………… 40

2-7 自由度の高い動作トラッキング
DoF、3DoF、6DoF ……………………………………………………………… 42

2-8 手の動きを取り込むハンドトラッキング
マーカー方式、Depthセンサー方式、2Dカメラ ……………………………… 44

2-9 全身の動きを取り込むフルトラッキング
IMU、Outside-In トラッキング方式、Inside-Out トラッキング方式 …… 46

やってみよう 身近で使われているXR技術を思い浮かべてみよう ………… 48

第 3 章 XRを快適に体験する技術
～ 質の高い没入体験を実現 ～ 49

3-1 指先への触覚を再現
触覚フィードバック、グローブ型コントローラー ……………………………… 50

3-2 触覚で情報を伝える
ハプティクス ……………………………………………………………………… 52

3-3 VR酔いを防ぐ表現
ルームスケール移動、トンネリング、テレポーテーション ………………… 54

3-4 音声解析で没入感を高める
音響解析技術、音響モデル ……………………………………………………… 56

3-5 視線追跡でリアルな臨場感を実現
アイトラッキング ………………………………………………………………… 58

3-6 3D空間での創作
3Dモデリングスキル、Tilt Brush、フローティングUI ……………………… 60

3-7 リアルタイムでの通信を可能にする5G通信技術
低遅延、5G ………………………………………………………………………… 62

3-8 瞬時に描写されるリアルタイムレンダリング
レンダリング、CPU、GPU ……………………………………………………… 64

やってみよう VRを体験してみよう ………………………………………… 66

第4章 XR体験を豊かにする表現・コミュニケーション
～ ヘッドセットの外側へと広がる仮想世界 ～ 67

- **4-1 現在地を把握する測位技術**
  ロケーションベースAR ……………………………………………… 68
- **4-2 現実世界に投影する技術**
  プロジェクションマッピング ……………………………………… 70
- **4-3 音声でつながるボイスチャット技術**
  エコーキャンセル、ノイズサプレッション、ジッターバッファ …… 72
- **4-4 映像でつながるビデオチャット技術**
  ジェスチャー認識、アバター技術 ………………………………… 74
- **4-5 アバター同期の通信規格**
  TCP、UDP …………………………………………………………… 76
- **4-6 マルチユーザー環境の種類**
  サーバークライアント方式、P2P方式、Nearcast ……………… 78
- **4-7 3Dアバターのためのデータフォーマット**
  VRM …………………………………………………………………… 80
- **4-8 オート追跡で撮影する技術**
  オート追跡撮影、PTZ制御カメラ ………………………………… 82
- **やってみよう** アバターを動かしてみよう ………………………… 84

第5章 XRの描画能力を向上させる技術
～ リアルな映像をより効率的に作り出すソフトウェアの進化 ～ 85

- **5-1 現実映像から位置を特定する技術**
  VPS …………………………………………………………………… 86
- **5-2 立体構造をデータ化する技術**
  3Dスキャニング、点群データ ……………………………………… 88
- **5-3 視線に合わせて最適化する技術**
  フォービエイテッドレンダリング ………………………………… 90
- **5-4 周囲の状況を立体的に捉える技術**
  Depth Scanning、SLAM …………………………………………… 92
- **5-5 描画のひずみを補正する技術**
  タイムワープ処理 …………………………………………………… 94
- **5-6 注目点以外の描画を削減する**
  VRS …………………………………………………………………… 96
- **5-7 ステレオ描画を高速化する技術**
  インスタンシングステレオレンダリング ………………………… 98

5-8 ピント外れを解消する技術
Near-Eye Light Field Display ……………………………………… 100

5-9 効率的な映像配信技術
HTTPライブストリーミング、MPEG-DASH ……………………… 102

5-10 映像や音声をリアルタイムで通信する技術
WebRTC ………………………………………………………………… 104

5-11 映像を効率的に圧縮する技術
フレーム間圧縮、動き補償 …………………………………………… 106

5-12 人工的な歌声を生成する技術
ボイスジェネレーション、DNN、GAN …………………………… 108

5-13 アバターと人間の口の動きを連動させる技術
アバターリップシンク ………………………………………………… 110

5-14 アバターの表情を生成する技術
アバターフェイスアニメーション …………………………………… 112

5-15 仮想の背景やキャラクターを出現させる合成と配信
クロマキー合成 ………………………………………………………… 114

5-16 超高速・大容量通信がもたらすグラフィックの進化
Wi-Fi6、Wi-Fi7 ……………………………………………………… 116

5-17 リアルな仮想音響を実現する技術
3次元音声処理技術、オーディオレイトレーシング ……………… 118

5-18 2Dデータから3Dデータを自動生成
NeRF、Gaussian Splatting ………………………………………… 120

5-19 脳波を利用したインタフェース
EEG、PET、NIRS ……………………………………………………… 122

やってみよう 3Dモデルをディスプレイに表示するまでの一連の処理を考えてみよう … 124

第 **6** 章 XR技術をより深く理解する
～ 根底にある3Dグラフィックス ～
125

6-1 高精細な3次元描画を実現する技術
グラフィックボード …………………………………………………… 126

6-2 3Dモデルの構造
ジオメトリ、ポリゴン、ラスタライズ、シェーディング ………… 128

6-3 奥行き表現のしくみ
デプスバッファ、オクルージョン …………………………………… 130

6-4 3Dモデルの表面に模様を描画
テクスチャマッピング、UVマッピング …………………………… 132

6-5 遠近感によるテクスチャを表現
ミップマップ …………………………………………………………… 134

7

6-6	遠近感によるモデル精度を自動調整	
	LOD	136
6-7	シェーダーで高度な描画	
	GPUシェーダー	138
6-8	多様な動作を実現する3Dアニメーション	
	リギング、スキニング	140
6-9	滑らかなアニメーション表現	
	スキンアニメーション、IK	142
6-10	リアルな陰影を再現	
	ライティング、GI、レイトレーシング	144
6-11	リアルな物体の動きを再現	
	物理エンジン	146
6-12	明暗の表現を向上させる技術	
	HDR	148
6-13	アバターの衣服を動かす	
	クロスシミュレーション	150
6-14	3Dグラフィックスの実装	
	DirectX、OpenGL、Metal、Vulkan	152
6-15	モバイル向け3Dグラフィックス	
	OpenGL ES	154
6-16	ブラウザ向け3Dグラフィックス	
	WebGL	156

やってみよう WebGLを使った3Dグラフィックスサンプルの探索 ……… 158

第 **7** 章 XRコンテンツ開発の応用
～ 環境とツール ～
159

7-1	XRに使われるデータフォーマット	
	FBX、PLY、glTF	160
7-2	基本の3Dモデリングツール	
	Blender、Maya、3ds Max	162
7-3	モーションキャプチャで動きを取得	
	OptiTrack、VICON、mocopi、Kinect	164
7-4	物体形状を効率的にデータ化する技術	
	ポイントクラウド、サーフェスリコンストラクション	166
7-5	ポリゴン数の最適化で軽快なコンテンツを実現	
	ポリゴンリダクション	168
7-6	現実世界をデジタル化する技術	
	スティッチング、トーンマッピング	170

7-7 360度映像の編集
全天球撮影、動画編集ソフト ･･･････････････････････････････ 172

7-8 アバターの制作ツール
VRoid、VRMアバター ･･････････････････････････････････････ 174

7-9 リアルな顔の動きをアバターに反映
顔認証アニメーションツール ･･･････････････････････････････ 176

7-10 生成AIの学習を実現する超高速計算言語
CUDA ･･･ 178

7-11 特殊な質感や視覚表現を実現する生成AI
Diffusion Model ･･･ 180

> **やってみよう** Blenderを使った3DモデリングとglTFフォーマットでの書き出し ･･･ 182

第 **8** 章 ## XRアプリケーション開発の基盤技術
~ 汎用性の高いプラットフォーム ~　　183

8-1 スマートフォン用のゲームを作れるモバイルゲームエンジン
Unity ･･ 184

8-2 最新のグラフィックスエンジン
Unreal Engine ･･ 186

8-3 360度映像のフォーマット
正距円筒図法、ステレオスコピック法 ･･････････････････････ 188

8-4 VR専用のOS
visionOS ･･ 190

8-5 手軽なパノラマVR配信ツール
PanoCreator ･･･ 192

8-6 地球上の地理データを扱う
CesiumJS ･･ 194

8-7 スマートフォンだけで簡単にARを作る
ARCore ･･･ 196

> **やってみよう** Unityを使ってモバイルVRアプリケーションを開発しよう ･･････ 198

第 **9** 章 ## XRデバイスの技術と特徴
~ より使いやすいデバイスへの進化 ~　　199

9-1 革新的な臨場感を実現
Apple Vision Pro ･･･ 200

9

9-2 高解像度のディスプレイによる深い没入体験
PlayStation VR2 202

9-3 手頃な価格で気軽に楽しめるゴーグル
ハコスコ 204

9-4 現実世界を超えた仮想空間
Meta Quest 206

9-5 高品質のエンタープライズ向けVR
HTC VIVE 208

9-6 肉眼同等の視覚体験ができるMRヘッドセット
Varjo社、Varjo XR-4 210

9-7 自由自在な操作ができるハンズフリーコンピュータ
Microsoft HoloLens 2 212

やってみよう XRデバイスを試してみよう 214

第10章 進化を続けるXR
～ 業界別の実用例と今後の可能性 ～
215

10-1 製造業におけるXR活用
イメージ共有、トレーニングと研修の効率化 216

10-2 医療業界におけるXR活用
認知症予防、医学教育 218

10-3 建設・不動産業界におけるXR活用
再開発、VR内見 220

10-4 小売業におけるXR活用
新たなショッピング体験、業務改善と人手不足の解消 222

10-5 エンターテインメント業界におけるXR活用
見せ方・楽しみ方の多様化 224

10-6 教育業におけるXR活用
3D映像を用いた授業 226

10-7 飲食業界におけるXR活用
エンゲージメント向上、研修のゲーム化 228

10-8 XRの発展に必要な要素①
ハードウェアとソフトウェアの進歩、高速通信技術とセンサー技術の発展 230

10-9 XRの発展に必要な要素②
XRリテラシー向上、法整備とガイドラインの確立、クリエイター育成 232

やってみよう XRによって変化するこれからの社会を想像してみよう 234

用語集 235
索引 237

第1章

XRとは？
～仮想現実と現実世界の融合～

1-1 .... XR、AR、VR、MR

» XRの定義

XRとはバーチャル技術の総称

XRとは、**現実に存在しないモノを3次元のデジタル映像で再現し、デバイスを通じて、目の前に存在しているかのように見せるバーチャル技術の総称**です。読み方は、「エックスアール」「クロスリアリティ」「エクステンデット・リアリティ」など、さまざまです。

XRの「X」は数学の世界で変数や未知の値を意味する記号で、「xR」と小文字で表現することもあります。そして、映像の見せ方やユーザー体験の違いにより、**AR**（拡張現実）、**VR**（仮想現実）、**MR**（複合現実）などに区別されます（図1-1）。

XRを構成する3つの技術

前述の通り、XRを構成する代表的な技術がAR、VR、MRです。

ARとは、「Augmented Reality」の略称で、**スマートフォンなどで撮影した映像に、デジタル情報を重ねて表示する技術**を指します。

VRとは、「Virtual Reality」の略称で、VRゴーグルなどを用いて、**仮想空間の中に自分自身が入ったような感覚を与える技術**です。

MRとは、「Mixed Reality」の略称で、**現実世界に付与した仮想のデジタル情報を操作することができる技術**です。ARをさらに発展させ、**仮想と現実の融合をより深めるしくみ**といえます（図1-2）。

近年は技術革新のスピードが速く、ARやVRの技術を応用した新技術が次々と生まれています。それに伴い、それぞれの技術の境界線が曖昧になり、区別が難しくなってきました。XRはそうした背景のもと誕生した言葉であり、既存の技術に加え、これから確立される現実とデジタル世界を融合する技術すべてを包括する概念です。

| 図1-1 | バーチャル技術の総称と区別の仕方 |

XR
バーチャル技術の総称

AR　現実空間を拡張　現実空間
MR　仮想空間と現実空間を融合
VR　360度仮想空間　仮想空間

低　←　没入度　→　高

| 図1-2 | XRを構成するAR・VR・MR |

AR
拡張現実
Augmented Reality の略称
現実世界にデジタル情報を重ねて表示させる技術

VR
仮想現実
Virtual Reality の略称
仮想空間の中に自分自身が没入できる技術

MR
複合現実
Mixed Reality の略称
仮想空間と現実空間が融合し、それぞれを同時に体験できる技術

Point

- XRは現実に存在しないモノをあるかのように知覚させるバーチャル技術の総称
- XRの主要な技術には、AR（拡張現実）、VR（仮想現実）、MR（複合現実）がある
- XRは技術革新のスピードに対応するために生まれた広義の概念

1-2 ······ 没入体験、高速・大容量通信

XRが注目を集める理由

ユーザー体験を向上させるXRの進化

　XRは、3DCGや5Gなどの関連技術の発展により、現実では味わえない非日常的な仮想空間での体験を臨場感たっぷりにユーザーへ提供できるようになったため、近年注目を集めています。また、ユーザーの行動にリアルタイムで反応する、双方向のコミュニケーションが可能になったことも体験の質を高めた要因の一つです。

　これまでの映像を「見る」という受動的な体験から、参加して活動する能動的な体験へと変化させたことがXRの大きな魅力となっています。こうしたユーザー体験を支えているのは、**デバイスやソフトウェアの進化**、**5Gなどの通信技術の発展と普及**です（図1-3）。

デバイスやソフトウェアの進化による没入体験

　XRの没入体験の向上には、デバイスやソフトウェアの進化が大きく寄与しています。ディスプレイの高解像度化や視野角の拡大により、リアルで精細な映像表現が可能となり、没入感が大幅に向上しました。

　また、ユーザーの動きを正確に読み取るセンサー技術や、それを遅延なく反映する画像処理技術の進歩も体験の質を高めるうえで重要です。VRゴーグルの軽量化や低価格化もXRの普及を後押ししています（図1-4）。

5Gによる高速・大容量通信

　通信環境の改善も重要です。5Gなどの高速・大容量通信技術の進化により、高解像度で大容量の映像データでもスムーズに送受信できるようになりました。低遅延なリアルタイム通信により、ストレスフリーなXR体験が実現できます。多人数同時接続にも対応し、多くの人と交流したり、音楽コンサートのような大規模イベントも開催できるようになりました。

14

| 図1-3 | XR技術がもたらすユーザー体験の向上 |

XR関連技術の発展により、これまでの映像を「見る」受動的な体験から、参加して活動する能動的な体験へと変化を遂げることが可能となった

| 図1-4 | XRの普及を後押しするデバイスの進化 |

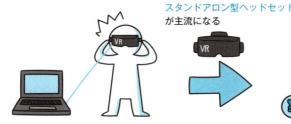

Point

- XRの関連技術の発展によりユーザー体験の質が飛躍的に向上した
- デバイスやソフトウェアの進化により臨場感のあるリアルな没入体験が可能になった
- 5Gの高速・大容量通信により低遅延のリアルタイム通信と多人数同時接続が可能になった

1-3 ⋯⋯⋯⋯⋯⋯⋯⋯⋯⋯⋯⋯⋯⋯⋯⋯⋯⋯⋯⋯⋯⋯⋯⋯⋯⋯⋯⋯⋯⋯⋯⋯⋯ 拡張現実

≫ 現実世界の見え方を変えるAR

現実世界にデジタル情報を付加する技術

ARは、日本語で「拡張現実」と呼ばれます。拡張現実とは、私たちが見ている現実空間に仮想のデジタル情報を加え、あたかもそこに実在するかのように見せる技術です。カメラなどで映した現実の映像にデジタル画像やテキスト、3Dオブジェクトを重ねて表示します。このように、現実をベースにしてバーチャル情報をつけ加える点がARの大きな特徴です。

ARのしくみ

ARは、現実の画像をどのように認識し、どの位置にデジタル情報を表示するかが重要なポイントです。そのしくみは、ロケーションベースARとビジョンベースARの2種類に分けられます（図1-5）。

ロケーションベースARは、デバイスに搭載されたGPSや加速度センサー、磁気センサーなどから位置情報を取得し、デジタル情報を付加する位置を割り出します。

一方、ビジョンベースARは、カメラで撮影した画像情報を解析して、デジタル情報を表示する位置を割り出します。**その認識方法には、マーカー型とマーカーレス型があります。**マーカー型は、QRコードなどのARマーカーを読み取り、そのうえにデジタル情報を表示する方式で、マーカーレス型は、物体そのものを認識してデジタル情報を重ねる方式です。

こうしたしくみも使い分けられながら、ARはアパレルや美容、医療、教育、不動産など、さまざまな分野で活用されています（図1-6）。例えば、洋服や化粧品の試着、メイクシミュレーション、医療現場での手術サポート、医療研修などです。これからもARは多くの分野で導入され、私たちの生活を大きく変えていくことでしょう。

図1-5　ARの種類

ロケーションベースAR

位置情報（GPS）、加速度センサー、磁気センサーなどを利用して特定の位置にデジタル情報を表示する方法

ビジョンベースAR

マーカー型

QRコードなどのARマーカーを読み取り、その上にデジタル情報を表示する方式

マーカーレス型

物体そのものを認識してデジタル情報を重ねる方式

図1-6　AR技術のビジネス活用

アパレル業界

洋服の試着

お店に行かなくても試着ができる

美容業界

メイクシミュレーション

普段は取り入れないカラーメイクもバーチャルメイクなら手軽に楽しめる

医療業界

手術サポート

手術前のプランニング段階や手術中のガイドとして活用

Point

- ARとは、現実空間に仮想のデジタル情報を重ねて見せる技術
- ARのしくみにはロケーションベースARとビジョンベースARの2種類がある
- ARはアパレルや美容、医療、教育、不動産など、さまざまな分野で活用されている

1-4
仮想現実、3次元映像

》 新たな空間に入り込めるVR

360度の仮想世界

VRとは、日本語で「仮想現実」と呼ばれます。3DCGで作った仮想のデジタル空間をあたかも現実であるかのように体感させる技術です。内側にディスプレイを内蔵したVRゴーグルを装着し、360度見渡せる3次元映像と立体音響により、その空間に入り込んだような感覚を与えます（図1-7）。ARは、現実空間をベースにデジタル情報を加えるのに対し、VRは100％バーチャルで、仮想空間をベースに自分自身がその世界に入り込む点が特徴です。

VRのしくみ

VRは、映像を立体的に見せる技術とユーザーの動きを感知する技術を組み合わせることで、仮想空間への高い没入感を生み出しています。

人間が物体を立体的に捉えられるのは、左右それぞれの眼の見え方に微妙な差があるためです。この差を脳が補正することで物体を立体的に認識しています。VRもこの原理を利用し、左右のディスプレイに微妙に差をつけた映像を映すことで立体感を表現しています。

さらに、立体映像への没入感を高めているのが、ユーザーの顔や身体の動きをセンサーで感知しトレースするトラッキング技術です。これにより、ユーザーの動きと映像が連動し仮想空間をリアルに体感できるのです。

VRの活用シーン

VRはエンターテインメント分野での活躍が目立ちますが、観光やスポーツ、教育など、幅広い分野に導入されています（図1-8）。例えば、仮想空間での旅行体験、自由に視界を変えられるフィットネス体験、遠隔授業などです。没入感の高いVRは、こうしたビジネス面での活用も進んでいるのです。

| 図1-7 | VRでできること |

3DCGで作った3次元映像

立体音響を加える

VRゴーグルを装着することで360度見渡せる仮想のデジタル空間が体験できる

| 図1-8 | VR技術のビジネス活用 |

観光業界 — 仮想旅行

家にいながらさまざまな観光地などの映像で旅行気分を楽しめる

スポーツ業界 — VR活用型フィットネス

非日常の世界など視界を自由自在に変えられてトレーニングも飽きない

教育業界 — 遠隔授業

同じ空間を共有して授業を受けたりコミュニケーションを取れる

Point

- VRとは、デジタルの仮想空間を現実のように体感できる技術
- VRは人間工学にもとづいた立体映像技術と人間の動きをトレースするトラッキング技術により没入感を生み出している
- VRはゲームやエンターテインメント業界以外のビジネス分野でも活用の幅を拡大している

1-5 ·········· 複合現実、混合現実、空間マッピング技術

≫ ARとVRの中間に位置するMR

現実と仮想が融合する新たな体験

　MRとは、日本語で「複合現実」または「混合現実」と呼ばれます。MRは、現実空間と仮想空間を融合する技術であり、2つの空間が相互に影響し合う点が大きな特徴です。ARのように現実空間に仮想の3Dオブジェクトなどを重ねて表示させるだけでなく、**そのオブジェクトを手で動かしたり、操作したりできます**（図1-9）。SF映画のように空間に表示したキーボードやディスプレイを手で操作するイメージです。

　MRは比較的新しい技術であり、体験するには専用のMRデバイスが必要です。そのため、MRに対応した市販品は少なく高額なのが現状です。

MRのしくみ

　MRは、ARとVRの発展形であり、それぞれの技術のかけ合わせで実現しています。現実空間に仮想オブジェクトを表示して操作するには、**その空間や物体、位置関係を正確に認識する**必要があります。

　そのため、MRを実現するには高度な空間マッピング技術が必要です。MRデバイスに搭載されたセンサーやカメラで空間データを取得し、そこへ正確に仮想オブジェクトを投影します。さらに、**ユーザーの動きもリアルタイムで検知すること**で、オブジェクトに近づいたり回り込んだり、あらゆる位置から視認し、直接操作することが可能となるのです。

MRの活用シーン

　MRは、ビジネスシーンでも実用性があり、建築や医療、教育、製造業など幅広い分野で活用され始めています（図1-10）。例えば、製造業の現場では、機械の操作や点検の手順などを現実の機器と連動して表示させるなど、作業の安全性や効率性を高めています。MRは発展途上の新しい技術です。今後もさまざまな分野で実用化が進むことでしょう。

図1-9　AR技術とMR技術の違い

AR

特徴	現実世界に仮想オブジェクトを表示させる
デバイス	スマホ／タブレット／ARグラスなど

MR

特徴	現実世界に仮想オブジェクトを表示させて、そのオブジェクトを直接触ったり、動かすことができる
デバイス	HMD（ヘッドマウントディスプレイ）／スマートグラス／MRヘッドセットなど

図1-10　MR技術のビジネス活用

建築業界
建物の完成イメージの共有

完成した建物のオブジェクトを更地に表示させて移動・拡大縮小もできる

医療業界
外科手術のサポート

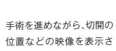

手術を進めながら、切開の位置などの映像を表示させることができる

製造業界
作業整備の研修

現実の機器と連動して操作や手順などを表示できる

Point
- MRとは、現実空間と仮想空間を融合し、相互に影響し合う技術
- MRは高度な空間マッピング技術により、現実空間に仮想オブジェクトを正確に配置し、操作を可能にしている
- MRは建築業、医療、教育、製造業など幅広い分野で実用化が進み、新たな可能性を広げている

1-6 .... Pygmalion's Spectacles、ポケモン GO

XRをけん引するVR・AR技術の歴史

VRの起源は90年前のSF小説

VRの起源は古く、概念が初めて登場したのは1935年にスタンリー・G・ワインボウム氏が書いたSF小説『Pygmalion's Spectacles』だという説があります。作中では、装着すると記録した五感の情報を追体験できる魔法のメガネが登場します（図1-11）。このコンセプトは、現在のVRゴーグルに通ずるものがあり、VRの起源だといわれているのです。

VR元年と呼ばれた拡大期

VRの開発は、1960年代から大学や研究機関などで進められました（図1-12）。1980年代に初めて商品化され一般にもVRが知られるようになりましたが、当時のVR製品は価格や体験の質に課題が多く普及は限定的でした。

VRが本格的に世間に広まったのは、2015年にOculus社が発売した家庭用VRゴーグルOculus Riftがきっかけです。これに各メーカーも追従したことで低価格化が進み、VRコンテンツも充実したことでVRは一気に普及しました。**この転換点となった2015年はVR元年と呼ばれています。**

ARの誕生と「ポケモン GO」の一大ブーム

ARは、VRと同じ技術開発の流れから派生したもので、AR技術として確立したのは1990年代のことです。2000年代に入るとスマートフォンの普及とともに、多くのARアプリケーションが開発され、ARの認知も徐々に広がっていきました。

そして、2016年にリリースされた「ポケモン GO」は、AR技術を活用したゲームとして爆発的にヒットしました。スマートフォンのカメラを通して現実にポケモンを映し出すこのゲームは、世界中の人にAR技術を体験する機会を与え、ARの可能性を広く知らしめることとなりました。

> 図1-11　VRの起源となったSF小説『Pygmalion's Spectacles』

記録した五感の情報を追体験できる魔法のメガネで不思議な体験をする主人公

> 図1-12　VRの歴史

VR

1960年代
大学・研究機関で
VRの開発が始まる

1980年代
初めてVR製品が
商品化される

2015年
「Oculus Rift」が発売
VR元年

AR

VRの開発過程で
生まれた技術がAR

1990年代
スマートフォンの
普及で広く認知される

2000年代
「ポケモンGO」の
大ヒットで世界中に
AR技術が広まる

Point

- VRの起源は1935年のSF小説『Pygmalion's Spectacles』で描かれた
- 家庭用VRゴーグルが発売されてVRが一気に普及した2015年はVR元年
- 2016年のポケモンGOの大ヒットでARが広く知られるようになった

1-7 ·············· リアルタイムレンダリング、解像度、リフレッシュレート

XRと密接するテクノロジー①

リアルな仮想空間を描くCG技術

CGとは「コンピュータ・グラフィックス」の略称で、コンピュータで描いた画像や映像、または技術そのものを指します。XRの仮想空間はすべてCGで作られるため、そのクオリティがXR体験の臨場感を左右します。

特に重要なのが、**動きに合わせてCGをリアルタイムで生成・更新するリアルタイムレンダリング**です（図1-13）。CG画像のスムーズで自然な切り替えがリアルな仮想空間を描くうえでのポイントとなります。

ユーザーの動きを感知するセンサー技術

XRでは、現実のユーザーの動きを仮想空間に反映するため、デバイスに搭載されたさまざまなセンサーを駆使しています。この**ユーザーの動きを感知して追跡する技術をトラッキング**といいます。

トラッキングは、感知する動きの方向の数により3DoFと6DoFの2種類に分けられます。**3DoFは、頭の上下左右の回転と傾き**を感知します。一方、**6DoFは頭の動きに加え、身体の上下左右前後の並進移動**も感知します。これにより没入感の高いXR体験を提供できるのです。

没入感を生み出す高精細なディスプレイ技術

XRの没入感を高めるには、映像を映すディスプレイ性能が大きく影響します。特に重要なのは、映像のリアルさを左右する**解像度**と**リフレッシュレート**の2つです（図1-14）。

解像度とは、**画像を構成する点の密度のこと**で、ドットやピクセルで表現されます。解像度が高いほど、鮮明で高精細な映像が表現できます。リフレッシュレートとは、**1秒間に映像を切り替える回数**で、数値が大きいほど自然で滑らかな映像になります。XRの高い没入感を実現するには、解像度とリフレッシュレートを高いレベルで両立させることが重要です。

図1-13　リアルタイムレンダリングのしくみ

ユーザーの動きの検出

センサーを用いて、ユーザーの動きを検出

データの処理

センサーで検出した動きのデータをPCが受信して処理

CGの作成

処理されたデータにもとづいて、PCがリアルタイムでCGを生成・更新

映像の表示

生成されたCG映像がVRヘッドセットのディスプレイにリアルタイムで表示される

図1-14　XR体験の没入感を左右する「解像度」と「リフレッシュレート」

解像度

ドットやピクセル密度が高いと鮮明な映像を表現できる

Low ←――――→ High

リフレッシュレート

1秒間に映像を切り替える回数が多いほど滑らかな映像になる

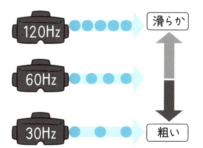

Point

- CGのリアルタイムレンダリングがXRの臨場感を生み出している
- センサーのトラッキング技術がXRの没入体験の質を向上させている
- ディスプレイの解像度とリフレッシュレートがXRの没入感を左右する

1-8 ネットワーク、AI

》 XRと密接するテクノロジー②

XRを支える高度なネットワーク基盤

　XRをよりリアルに体験するためには、高速かつ大容量のデータ通信ができる先進的な**ネットワーク**が不可欠です。XRでは高解像度の映像や3Dデータを扱うため、これらのデータを瞬時にやりとりできる通信速度が求められます。

　また、さまざまなデバイスやセンサーがネットワークに接続されることから、**多数の端末を同時に収容できる大規模な接続能力**も必要です。

XR体験におけるリアルタイム通信の重要性

　XR体験において遅延のないリアルタイム通信は、ビジネス活用やVR酔いなどの課題と直結するため非常に重要です（図1-15）。

　例えば、医療分野で遠隔治療や手術支援などにおけるXR活用では、タイムラグが人命に関わる大きな問題となります。また、VR酔いは、**ユーザーの身体の動きと視覚のズレによって起こる**ため、低遅延は体験の質にも大きく影響します。このように、リアルタイム通信はXR体験の向上に不可欠な要素なのです。

AIで加速するXRイノベーション

　XRの発展には**AI**が深く関わっています（図1-16）。例えば、XRの仮想空間やコンテンツ制作には膨大なコストがかかる課題がありました。しかし、生成AIの技術革新によって、例えば画像やテキストを入力するだけで3Dモデルを自動作成できるなど、コンテンツ制作の大幅な効率化が期待されています。また、AIアシスタントなど、仮想空間でのユーザーサポート面での活用も見込めます。このように、XRはAIとの相乗効果により、今後さらなる発展が予想されています。

| 図1-15 | 遅延のない通信の重要性 |

通信の遅延が起こると……

遠隔治療や手術サポートの際、人命に関わる可能性が高まる

ユーザーの身体の動きと視覚のズレにより VR酔い が起こる

| 図1-16 | 生成AIによるXRコンテンツ制作 |

生成 AI を駆使することで XR コンテンツを効率的に作成することができる

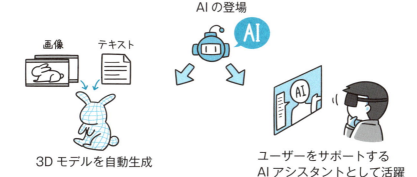

3D モデルを自動生成

ユーザーをサポートする AI アシスタントとして活躍

Point

- 5Gネットワークの高速大容量、多数同時接続、超低遅延の特性がXR体験の向上に大きく寄与する
- VR酔いやビジネスでのXR活用の課題解決には低遅延のリアルタイム通信が不可欠
- 生成AIによるコンテンツ制作の効率化などAIがXRの発展を加速させる

やってみよう

XR を分類してみよう

　XRとは、VR、AR、MRなどの現実世界と仮想空間を融合させる技術を総称した言葉です。ここでは、身の回りにあるXRコンテンツの具体例を挙げながら、それぞれにあてはまる技術名を以下の表に記入して分類しましょう。

　1つ目は、ゲームアプリケーションのポケモンGOを思い浮かべてください。カメラ映像に仮想のモンスターが重ねられるこのゲームは、どの技術に分類されるでしょうか。「現実世界に仮想オブジェクトを付加する」という点が特徴です。

　2つ目は、YouTubeなどで見ることができる360度動画を思い浮かべてください。全方位を撮影したこの特殊な映像は、視点を自由に動かせるコンテンツです。「現実世界とは切り離された仮想空間をディスプレイ上に再現する」という点が特徴です。

　3つ目は、XRヘッドセットを使った体験を思い浮かべてみましょう。手と身体の動きを正確に取得し、自然な動作でゲームなどをプレイできます。このように「現実の視覚、聴覚、身体の感覚を取り入れた」体験ができる点が特徴です。

技術名			
技術の特徴	現実世界に仮想オブジェクトを付加する技術	現実世界とは切り離された仮想空間をディスプレイ上に再現する技術	現実の視覚、聴覚、身体の感覚を取り入れた技術
体験コンテンツ	ポケモンGO	360度動画	XRヘッドセット

答え 左から AR、MR、VR

第2章

VRの基礎技術

~XRを実現する必須の要素~

2-1 ········ 視野角、両眼視差、輻輳開散運動、焦点距離、瞳孔間距離

≫ 人間の視覚

モノを見るしくみと理解する必要性

　人間の眼は角膜や瞳孔、水晶体、網膜など複数の組織で構成されています。物体に反射した光が眼に入って角膜や水晶体で屈折し、網膜上に集まった光の情報が脳に送られることで「見る」ことができています。

　VRヘッドセットやARグラスは、人間の錯覚を利用して立体的な像を見せるように設計されており、XRのしくみを理解するにあたって、人間の眼の構造への理解は切り離せません。

視野角との戦い

　人間は真正面を見た状態でも、**水平方向に約200度**の**視野角**を持ちます（図2-1）。一方、ヘッドセットは人間の眼より視野角が劣ることにより、**縁が黒く見えるという課題**があります。

　後に紹介するパンケーキレンズやフレネルレンズといったレンズ設計の改良により、凸レンズを使用したThe Sword of Damocles（1968）やVirtuality（1991）の視野角約20度と比較すると、現代のMeta Quest 3やApple Vision Proは**およそ100度の視野角を実現**しています。しかし、まだまだ人間の半分程度であり、改善の余地があるといえます。

遠近感との戦い

　ヘッドセットには、視野角の他に遠近感の把握という課題もあります。遠近把握には**両眼視差**、**輻輳開散運動**、**焦点距離**の3要素が絡んでいます（図2-2）。しかし、従来のヘッドセットは遠近把握を両眼視差だけに頼っていました。**瞳孔間距離**（IPD）は意識しているものの、他の要素が無視されていたのです。これによりVR酔いや不自然さといった問題が起こります。そこで、最近では**物体から反射した光を再現するライトフィールド技術による焦点調整機能の開発**が進んでいます。

| 図2-1 | 真上から見た人間の視野角 |

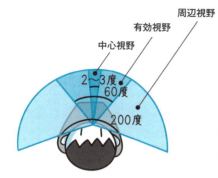

中心視野：高い視力を持ち、文字や物体の細部まで捉える

有効視野：中心視野ほどではないが、物体や文字を認識して周囲の情報を察知する

周辺視野：視野角全体のうち、中心視野と有効視野以外を指す。視力は低いが広い範囲の情報を収集している

| 図2-2 | 遠近を感じる眼のしくみ |

① 両眼視差

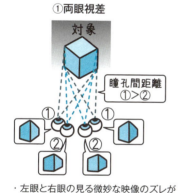

- 左眼と右眼の見る微妙な映像のズレが脳を錯覚させる。この錯覚によって映像を立体として捉えることができる
- 瞳孔間距離が違うと見える角度が変わるので、併せて調整が必要になる

② 輻輳開散運動

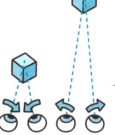

近くを見るときは
寄り目に
＝輻輳

遠くを見るときは
離れ目に
＝開散

③ 焦点距離

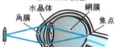

- 遠くを見るとき水晶体は薄くなり屈折率が低下
→焦点距離は長くなる

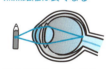

- 近くを見るとき水晶体は厚くなり屈折率が増加
→焦点距離は短くなる

Point

- 人間は物体に反射した光を視覚情報として捉えている
- 昔のヘッドセットと比較すると、現在のヘッドセットの視野角は100度まで広がったが、それでも人間の半分程度でしかない
- 人間は両眼視差、輻輳開散運動、焦点距離という眼のしくみが絡み合うことで遠近感を把握している

2-2 ········ スタンドアロン型、外部接続型、シースルー型、完全没入型

» XRデバイスの種類

使用方法による分類

XRデバイスは、PCやゲーム機などの外部機器との接続が必要か否かで**スタンドアロン型**と**外部接続型**に分類されます（図2-3）。

スタンドアロン型は、**外部機器に接続せず単体で使用できるデバイス**です。代表例としてMeta Quest 3が挙げられます。頭の動きを検出するジャイロセンサーや、頭の回転、傾き、身体の位置を追跡するポジショントラッキングなどが内蔵されているため扱いやすい半面、重量があり長時間の使用は疲労を招くというデメリットがあります。

一方、外部接続型は、**PCやゲーム機と接続して使用するデバイス**で、VIVE Pro 2やPlayStation VR2などがあります。映像処理などの性能は接続先の機器に依存しますが、4Kや8Kなどの高品質な映像表現を実現できるメリットがあります。

ディスプレイによる分類

ディスプレイの構造では、**ビデオシースルー型**、**光学シースルー型**、**完全没入型**の3種類に大きく分類されます（図2-4）。

ビデオシースルー型とは、**カメラで現実空間を撮影し、その映像上にCGを重ねて表示する方式**です。光学シースルー型は、**レンズを透かして現実世界を見ながら、そこにCGを重ねて表示します**。これら2種類はAR技術にあたり、代表的なデバイスにApple Vision ProやHoloLens 2があります。

完全没入型は、**外界を完全に遮断しCGによる仮想空間に全面的に没入する方式**で、VR技術に分類されます。Meta Quest 3やPlayStation VR2などのゲーム用XRデバイスがこのタイプですが、安全のため外部の状況が一部確認できるような構造のものも増えています。

32

| 図2-3 | スタンドアロン型と外部接続型の比較 |

	スタンドアロン型	外部接続型
特徴	・ヘッドマウントディスプレイのみで使用できる ・外部接続型とのハイブリッドもある	・PCやゲーム機など、外部機器が必要 ・場合によっては外部センサーが必要
バッテリー駆動時間	短い（3時間前後）	特に制限なし
解像度	～4K	4K～5K
製品例	・Meta Quest 3 ・PICO 4	・VIVE Pro 2 ・PlayStation VR2

| 図2-4 | ディスプレイによるしくみの違い |

ビデオシースルー型	光学シースルー型	完全没入型
HMDの正面にあるカメラで撮影された映像にCG表示を重ねる	レンズ越しの現実世界にハーフミラーなどでCG映像を重ねる	視界を外界から完全に遮断し、デジタルコンテンツを投影する

現実世界
カメラ
＋CG表示

現実世界　CG
ハーフミラーなど
自然光
＋CG表示

フルCG映像

製品例	製品例	製品例
Apple Vision Pro	HoloLens 2	・Meta Quest 3 ・PlayStation VR2 ※どちらもビデオシースルー対応

Point

🖊 XRデバイスは外部機器との接続が必要かどうかで、スタンドアロン型と外部接続型に分けられる

🖊 ディスプレイのしくみによってビデオシースルー型、光学シースルー型、完全没入型に分けられる

2-3 コンピュータ接続型VR

》 高画質化のしくみ

高機能GPUの活用

コンピュータ接続型VRでは、付属するPCの高性能GPUを使うことで、スタンドアロン型よりも格段に高い描画性能を実現できます。**GPUは並列処理能力に長けており、VRコンテンツに不可欠な大量の3Dグラフィックス計算を効率的かつ高速に処理**できます。

光線追跡による高品質な描画や物理シミュレーション、高解像度の映像処理など、VR描画で求められる高負荷の並列計算をスムーズに行えるため、高解像度でリッチな映像表現が可能となります。こうして没入感の高いVR体験を実現することができるのです（図2-5）。

低遅延の有線接続

コンピュータ接続型VRは、一般的にヘッドセットとPCを有線で接続します。USB Type-Cなどのケーブルを通じ、**映像を素早く送信して遅延を最小限に抑える**ことができます。一方、無線接続では伝送速度の制約から映像の品質が損なわれたり、遅延が生じることがあります。有線接続もケーブルの長さによる制約はありますが、遅延の少ない映像出力は没入感を高めるうえで非常に重要です（図2-6）。

専用コンテンツの充実

コンピュータ接続型VR専用に制作された高品質のコンテンツは、数多く存在します。これらにはスタンドアロン型では実現が難しい、緻密な描画や物体の質感、光の反射を精密に計算し、臨場感のある映像を即時生成できる**リアルタイムレイトレーシング**などの先進的な映像技術が用いられています。

このようにコンピュータ接続型VRは、最先端のグラフィックス性能を実現できるデバイスとして、VR体験の進化をけん引しています。

図2-5　コンピュータ接続型VRのしくみ

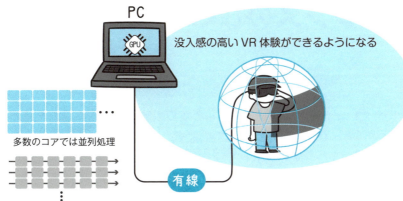

図2-6　有線接続と無線接続のメリットとデメリット

接続方式	有線接続	無線接続
接続方法	HDMIケーブルやUSB Type-Cなどで直接PCと有線接続する	Wi-Fiを介してPCとヘッドセットを接続
メリット	・遅延がほとんどなく、スムーズな映像と動作が可能 ・高画質の映像データを安定して伝送できる	・移動の制限がない ・設定が容易
デメリット	利用範囲がケーブルの長さに依存	・遅延やノイズにより、映像や動作の遅れが生じる可能性がある ・通信量が多いと画質が劣化したり、途切れる恐れがある

Point

- コンピュータ接続型VRは、PCの強力なGPUを生かしたグラフィックに優れている
- PCとヘッドセットの接続方法には有線接続と無線接続の2つがあり、それぞれにメリットとデメリットがある

2-4 .... フレネルレンズ、パンケーキレンズ

》 VRレンズのしくみ

フレネルレンズの構造

　VRヘッドセットでは、ディスプレイからの映像を眼球に焦点を合わせて投影するためにレンズが使われています。その中でも、広く採用されているのが**フレネルレンズ**です。

　フレネルレンズは、従来の凸レンズを同心円状に切り、平面上に並べた特殊な構造を持っています（図2-7）。この**ノコギリ状の断面によって、レンズ自体を薄く軽量化できる**のです。

　一方、この構造が原因で、レンズ周辺部に色収差やコマ収差が発生しやすいというデメリットもあります。色収差やコマ収差とは、レンズなどで物体の像を作るときに光線が1点に集まらず、像がぼやけたりひずんだりすることです。その他にも、球面収差や非点収差、歪曲収差などがあります。

パンケーキレンズによる高品質映像と小型化

　パンケーキレンズは、**非球面レンズと凸レンズの2重構造**により、光を反復反射させて拡大投影する特殊なしくみを持ちます（図2-8）。このしくみにより、**ディスプレイをユーザーの目にぎりぎりまで近づけても、大きく鮮明に映像を映し出すこと**ができます。結果として、デバイスの小型軽量化を実現しながら、ひずみの少ない高品質な映像表現も可能になりました。

　一方で、光の一部が失われ映像が暗くなりやすいというデメリットもあります。しかし、Meta Quest 3やPICO 4などの最新XRデバイスでは、その高い映像品質と小型化のメリットからパンケーキレンズが採用されています。

| 図2-7 | フレネルレンズの構造 |

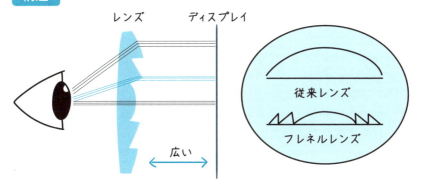

レンズをギザギザにカットすることで、薄く軽くなる

| 図2-8 | パンケーキレンズの構造 |

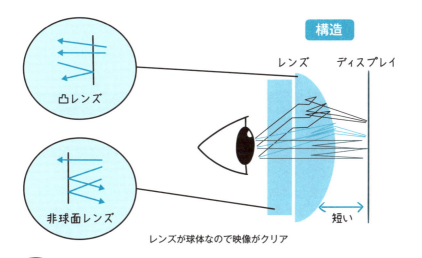

レンズが球体なので映像がクリア

Point

- フレネルレンズは凸レンズを同心円状に切って平面に並べた構造。軽くて光の損失が少ないが、収差や回折が生じやすい
- パンケーキレンズは非球面レンズと凸レンズからなる2重構造。焦点距離を伸ばしてヘッドセットを小型化できるが、光の損失が多い

2-5 ......PPD

» VRの根幹をなす高解像度ディスプレイ

映像の尺度を表す指標

PPD（Pixels Per Degree）は、VR空間において、ユーザーが見ている映像の精細さや解像度を表す指標です。**人間の視野における1度の角度にどれだけの画素が含まれているか**を表します（図2-9）。

VRヘッドセットの場合、ディスプレイの解像度がレンズを通して拡大投影されるため、その解像度が高いほどユーザーの目に映る映像は精細になります。つまり、**高いPPDを持つVRヘッドセットは、画像がより鮮明で細かいディテールが見える**ということを意味します。

VR開発者は、高いPPDを実現できるハードウェアを開発することで、ユーザーにリアルな視覚体験を提供することができます。一方、ユーザーは適切なPPDを持つVRヘッドセットを選択することで、鮮明で細かいディテールが見える高品質な映像を体験できるのです。

高解像度ディスプレイのしくみ

人間の眼は、視野の中心部分が非常に高い解像度を持っている一方、周辺部分の解像度は低下します。この特性を生かし、PPDは**中心視野に高い解像度を確保**しています（図2-10）。

PPDは、1度の視角に対して何ピクセルの解像度があるかを示します。例えば、PPDが60の場合、1度の視角に60ピクセルが含まれることになります。人間の視野は約200度ありますが、中心30度が最も重要視されます。そのため、この中心視野部分にピクセルを集中させることで、リソースを効率的に使用できるのです。

また、視線追跡技術と組み合わせることで、ユーザーの視線の動きに合わせて高解像度の部分を移動させることもできます。

図2-9　PPDの算出方法

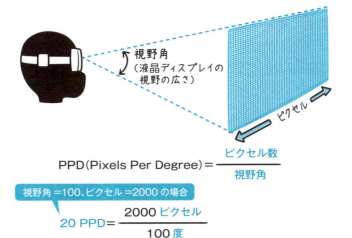

図2-10　人間の視野における解像度

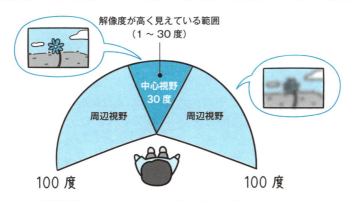

周辺視野は左右それぞれ100度まで見えている

Point

- PPDは、ユーザーが見ている映像の精細さや解像度を表す指標
- 人間の視野の特性を生かして中心視野に高い解像度を確保して、効率的に高品質な映像を実現している

2-6　　　　　　　　　　　　　　　　　　　　表示遅延、NPU

» 滑らかな動きを表現

VRの表示遅延と影響

　VR技術では、**ユーザーの頭の動きがVR環境に反映されるまでの時間**を表示遅延といいます。遅延が発生することで、現実とVRでの動きのズレから脳の混乱や不快感が生じ、めまいや吐き気などの酔いにつながります（図2-11）。

　表示遅延を最小限に抑えるためには、ユーザーの動きをセンサーで検知し、その情報を処理して画面に反映するまでの一連の流れを**高速で繰り返す**必要があります。この**処理時間が短いほど、遅延は少なくなります**。

最新VRデバイスに搭載されているNPU

　従来のVRヘッドセットでは、1秒間に90〜120回の画面更新（FPS）を実現しており、ほとんど遅延を感じなくなってきています。しかし、VR空間内のオブジェクトが多くなるほど、GPU処理に時間がかかり、遅延が生じてしまう場合もあります。

　このような遅延を最小限に抑えるために2023年10月発売「Meta Quest 3」や、2024年2月に米国で発売「Apple Vision Pro」などのVRデバイスでは、SoC（System on Chip：コンピュータの主要な機能を1つの集積回路に集積したもの）に統合された **NPU**（Neural Processing Unit）が搭載されています。

　NPUは専用のAI演算プロセッサで、**複数の AI 処理を同時に行うことで、機械学習に関わる計算処理を高速化する**ことができます（図2-12）。AIはセンサーからのデータをもとに、ユーザーの頭部や手の動きを解析して、VR環境での滑らかな動作を実現しています。

図2-11　表示遅延によるVR酔い

現実世界での人の動き

左を見ている　　　　　　　　　右を見ている

ズレが生じることでVR酔いが起こる

VRゴーグル内の処理

頭の動きをセンサーで感知 → CPU処理 → GPU処理 → ディスプレイデータ処理 → ディスプレイに反映

図2-12　VRにおけるNPUの特長

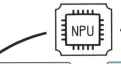

並列処理能力
- 動作認識や動作予測などのAI処理を高速に実行できる
- ニューラルネットワークの並列演算処理に特化している

高度な動作予測
- リカレントニューラルネットワークによる時系列データの解析ができる
- ユーザーの次の動きを高精度に予測し、描画の遅延を大幅に改善

低消費電力
- AI専用のプロセッサのため、従来のGPU/CPUよりも省電力
- モバイルVRデバイスでの長時間使用に適している

小型化
- NPUはSoCに集積されているため、小型軽量化ができる
- VRヘッドセットのようなモバイル機器に適している

リアルタイム性
- センサーデータからのモーションキャプチャをリアルタイムで再現
- 遅延なくVRアバターやオブジェクトの動きをレンダリングできる

Point

- ユーザーの動きがVR環境に反映されるまでの時間を表示遅延という
- 現実とVRでの動きのズレからVR酔いが発生する
- 快適なVR体験を提供するためにNPUを使い、AIを活用したトラッキング処理を高速化し、滑らかな動きを実現している

2-7 ························· DoF、3DoF、6DoF

» 自由度の高い動作トラッキング

VR空間の自由動作を示す指標

DoF（Degrees of Freedom）は、ユーザーが仮想空間内で移動したり、オブジェクトを操作したりすることができる**自由動作を示す指標**です。例えば、頭を左右に振ったり、上下に傾けたり、しゃがんだり、身体を前後左右に動かすことなどが、DoFに含まれる動作です。

DoFの数値が大きいVRデバイスほど、ユーザーは自由度の高いリアルな体験ができ、仮想世界に深く没入できます。

3DoFと6DoF

DoFには、**3DoF**（スリードフ）と**6DoF**（シックスドフ）の2つがあり、VR体験における動作トラッキングのレベルを示します（図2-13）。

3DoFは、頭部の動きに限定され、**X軸、Y軸、Z軸の3つの回転運動（上下、左右、斜め）に対応します**。この技術は、360度ビデオの鑑賞など、比較的静的なVR体験に適しており、スタンドアロンデバイスで一般的に使用されています。

6DoFは、頭部の回転に加え、**身体の移動も含む6つの動き（上下、左右、前後の回転と移動）に対応します**。これにより、ユーザーはしゃがむ、傾ける、物体を操作するなど、よりリアルな動きと没入感を仮想空間内で体験できます。そのため、6DoFはVRゲームやトレーニング、教育などにも適しています（図2-14）。

3DoFと6DoFの主な技術的違いは、位置追跡（ポジショントラッキング）の有無です。3DoFは内蔵の加速度センサーと磁力計（コンパス）を使用して回転を検出しますが、6DoFは追加のカメラや外部センサーを使用して正確な位置を特定します。

どちらの技術を選ぶかは、開発するアプリケーションの目的と要求される没入感のレベルによって決めるとよいでしょう。

図2-13　3DoFと6DoFの動き

上下、左右、斜め3つの回転運動

頭部の3つの回転運動に加えて身体の移動も含む6つの動き

図2-14　3DoFと6DoFの比較

特徴	3DoF (Three Degrees of Freedom)	6DoF (Six Degrees of Freedom)
対応動作	・ヘッドトラッキング ・頭部の回転のみ（上下、左右、斜め）	・ヘッドトラッキング+ポジショントラッキング ・頭部の回転と身体の移動 （上下、左右、前後の回転と移動）
主な用途	360度ビデオ視聴、静的なVR体験	インタラクティブなゲーム、体験型コンテンツ、トレーニング、教育など
没入感	比較的限定的	高いリアル感と没入感
価格帯	一般的に低価格	比較的高価格
空間要件	広いスペース不要（座って実施可能）、多人数利用が容易	広いスペースが望ましい
利用シーン	遊園地、美術館、企業研修など	ゲーム、アクティブなVR体験、専門的なトレーニング

Point

- DoFは、仮想空間内での自由動作を示す指標
- DoFの数値が大きいVRデバイスほど、ユーザーは自由度の高いリアルな体験ができる
- DoFには、3DoFと6DoFの2つが存在する

2-8 ························ マーカー方式、Depthセンサー方式、2Dカメラ

》 手の動きを取り込む ハンドトラッキング

手の動作を正確に把握するマーカー方式

　没入感の高いVR体験を実現するために、**リアルタイムで人の手の位置、動き、ジェスチャーを検知し、追跡する技術をハンドトラッキング**といいます。この技術によって、仮想空間内に自然な手の動きを取り込めます。

　ハンドトラッキングには、主に3つの方式があります（図2-15）。1つ目は**マーカー方式**です。手や手の各部位を追跡するための印（マーカー）をつけた専用の手袋と、動きをキャプチャする複数台のカメラを用います。カメラはマーカーの動きを捉えて、コンピュータでこれらの動きから実際の動作を正確に把握し、データとして抽出します。

立体形状を認識するDepth（深度）センサー方式

　2つ目は**Depth（深度）センサー方式**です。赤外線を使い手の立体形状を認識します。赤外線が手にあたり反射した光の時間差から手の形状を立体的に特定します。主に3つの手法があり、赤外線パターンを投影し、ひずみから3D形状を再構成する構造化光方式、光パルスの反射時間から距離を計算する飛行時間方式（ToF）、2つのカメラで撮影した画像から視差を利用して計算するステレオビジョン方式があります。

　いずれも、図2-16にあるMicrosoft社が提供しているAzure Kinect DK深度カメラなどの専用のDepthセンサーが用いられます。

2Dカメラからの推定

　3つ目は**2Dカメラ画像から推定する方式**です。通常のカメラで撮影された2D画像を使って手の動きを3D化します。さまざまな角度から撮影された手の画像を、AIが解析して動きを特定する点が特徴です。AIが画像から手の動きを推定するため、特別な装置は不要ですが、**高精度で手の動きを認識できるよう、多くのデータを収集して学習させる**必要があります。

44

図2-15　それぞれのハンドトラッキング方式の特徴

マーカー方式
- 専用の手袋にマーカーが取りつけられている
- 複数のカメラでマーカーの動きを追跡
- マーカーの動きから手の動作を正確に取得可能
- 高い精度だが、手袋が必要なため自然な操作には向いていない

Depth（深度）センサー方式
- 赤外線を使って手の立体形状を認識する
- 手の3次元的な形状を特定できる
- マーカーレスで自然な操作が可能
- 専用のDepthセンサーが必要

2Dカメラ
- 通常のカメラ映像から手の動きを推定する
- AIが映像解析して手の動きを認識
- 特別な装置は不要だが、手の映像データでAIを訓練する必要がある
- 精度は他の方式より低い可能性がある

図2-16　Depth（深度）センサー方式3つの手法

	構造化光方式	飛行時間方式（ToF）	ステレオビジョン方式
原理	パターン投影された光の歪みから深度を計算	光の反射時間から距離を測定	複数カメラで視差を計算して深度を推定
距離精度	中距離で高精度	近距離から中距離まで幅広く対応	近距離で高精度
動作環境	明るい環境下で精度が低下	暗所でも良好な動作	明るい環境下で優位

Depth（深度）センサー方式で用いられる専用カメラの例

出典　Microsoft「Azure Kinect DK 深度カメラ」
（URL：https://learn.microsoft.com/ja-jp/azure/kinect-dk/depth-camera）

Point

- マーカー方式は実際の手の動作を高精度に捉えられるが専用設備が必要
- Depthセンサー方式は単一のカメラで行うことが可能
- 2Dカメラ映像から推定する方式は、たくさんの手の映像データを収集してAIに学習させる必要があり手間がかかる

2-9 ···· IMU、Outside-In トラッキング方式、Inside-Out トラッキング方式

≫ 全身の動きを取り込む フルトラッキング

IMUの役割

　VR体験には、全身の動きを正確に追跡して、仮想空間に反映するフルトラッキング技術が欠かせません。その際に、**IMU**（慣性計測装置）が重要な役割を果たします。IMUは、**加速度センサーとジャイロセンサーを組み合わせた装置**です。加速度センサーは物体の動きを、ジャイロセンサーは回転や角度の変化を検知します（図2-17）。これらによって、**物体の動きや向きを正確に計測する**ことができます。

IMUの誤差補正

　フルトラッキングでは、身体の各部位にIMUが取りつけられています。**各IMUがその部位の動きを検知して情報を統合することで、全身の動作が追跡できるしくみ**です。しかし、IMUだけではわずかな誤差が蓄積されて、時間とともに位置がずれてしまうため、基準点となる外部の情報を利用することで、この誤差を補正しています。

　代表的な補正手法は、**Outside-In トラッキング方式**と**Inside-Out トラッキング方式**の2つです（図2-18）。

　Outside-In トラッキング方式では、VR空間内に設置した**複数のカメラでユーザーの動きを外部から追跡することで動作情報を取得し、IMUの計測誤差を補正**します。この方式はユーザー側の装置が軽量化できる半面、トラッキングできる範囲に制限があります。

　Inside-Out トラッキング方式は、ベースステーションという基準点から発信される**赤外線や電波を利用します**。ユーザー側のIMUユニットが信号を受信して、自身の正確な位置を測定します。この**位置情報をもとにIMUの誤差の補正を行います**。また、この方式ではユーザー側のIMUが自己位置を特定するため、広い可動範囲を確保できます。

　VRシステムでは、これらの補正手法を組み合わせたハイブリッドな誤差補正により、高精度で安定したトラッキングを実現できるのです。

図2-17 加速度センサーとジャイロセンサーの検出できる動き

加速度センサー

ジャイロセンサー

図2-18 Outside-InトラッキングとInside-Outトラッキング方式

Outside-In トラッキング方式

VR空間内に設置した複数のカメラで動きを外部から追跡して動作情報を取得する

Inside-Out トラッキング方式

ベースステーションから発信される赤外線や電波を受信して、自身の正確な位置を測定する

Point

- IMUとは、人の全身の動きを感知するために使用する、加速度センサーとジャイロセンサーが組み合わされた装置
- IMUと外部トラッキングを組み合わせることで、ユーザーの全身の動きを高精度で追跡できる

やってみよう

身近で使われている XR 技術を思い浮かべてみよう

　私たちの身の回りでは、XR 技術が活用される場面が増えてきています。ここでは、身近な XR 技術の例を見ながら、そのしくみを一緒に考えてみます。まずは、身の回りにある XR 技術を活用したモノやサービスにはどのようなものがあるか、思いつく限り下の表に書き出してみてください。

XR技術が使われたモノやサービスを書き出してみよう

　それでは、具体的に実際の活用例を見ながら、組み込まれたしくみを考えていきましょう。最近のスマートフォンのカメラアプリケーションに備わった「AR モード」を開いてみてください。以下の表の機種であれば備わっているはずです。この機能を使うと、カメラ映像に 3D のオブジェクトや文字を重ねて表示できます。これは、AR を応用したものです。カメラの位置や向きをトラッキングし、その情報から 3D オブジェクトの位置や角度を計算してディスプレイに合成表示しています。

ARモードに対応しているスマートフォン機種	
iPhone	Android
iPhone SE（第 1 世代）以降のモデル	・Samsung Galaxy S21 以降のモデル ・Google Pixel 5 以降のモデル

　次に、Google マップやストリートビューを PC で見てみましょう。そこには、実際に撮影された 360 度の画像や動画が表示されています。これらは、VR 技術の一つである 360 度パノラマ映像を使っています。全天球の映像を特殊なレンズで撮影し、それを 2D 平面上に投影したものがパノラマ映像です。

　このように、XR 技術は私たちの身の回りで活用され始めています。

第3章

XRを快適に体験する技術

～質の高い没入体験を実現～

3-1　　　　　　　　　　触覚フィードバック、グローブ型コントローラー

》 指先への触覚を再現

仮想を現実に近づける指先への触覚再現

　XRの没入感を高めるには、視覚や聴覚だけでなく触覚も重要な要素です。ユーザーは仮想オブジェクトの質感や硬さ、抵抗感などを感じることで、まるで目の前のモノが実在するかのような感覚を覚えます（図3-1）。
　人間の身体の部位で最も触覚が発達しているのは指先です。指先には、圧力、振動、摩擦、温度などさまざまな感覚を感知する神経細胞が集中しています。そのため、**指先への触覚をリアルに再現すること**は、XR体験の質を大きく向上させる重要な要素なのです。

触覚フィードバックが切り開く可能性

　触覚フィードバックは、XR体験を豊かにするだけでなく、さまざまなビジネス分野での可能性を広げます。
　例えば、医療分野では遠隔治療や診察において、触覚は重要な情報となります。触診が可能になれば、より正確な診断が遠隔でもできるようになります。また、製造業や建設業など、職人的な技能が品質を左右する作業では、熟練者の力覚をデータ化することで、作業の自動化や後進の育成にも活用できます。XRと触覚フィードバックは、さまざまな産業でイノベーションを加速する可能性を秘めているのです。

触覚をリアルに再現するグローブ型コントローラー

　現在、VRコントローラーは左右それぞれの手で握るグリップ型が主流ですが、指先への触覚を再現するグローブ型コントローラーが注目を集めています（図3-2）。従来のコントローラーでは難しかった指先1本1本の動きを精密にトラッキングし、リアルタイムに再現します。さらに、仮想空間内でモノを触ったり、つかんだりしたときの触覚を指先にフィードバックすることで、よりリアルな体験が可能になります。

> 図3-1　XRの没入感を高める要素

視覚、聴覚に加えて「触覚」を感じることができれば没入感が高まる

> 図3-2　グローブ型コントローラーの特徴

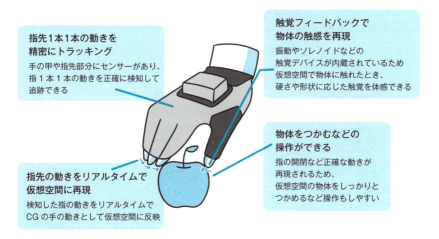

Point

- 指先への触覚再現がXRの没入感を高め、体験の質を向上させる
- 触覚フィードバックがXRのビジネス活用の可能性を大きく広げる
- 指先の触覚をリアルに再現するグローブ型コントローラーが注目されている

第3章　指先への触覚を再現

3-2 .... ハプティクス

≫ 触覚で情報を伝える

触覚を創造するハプティクス

ハプティクスとは、**振動や圧力などで人工的な刺激を与えて、実際には存在しないモノの触覚を再現する技術**です。

身近な例として、iPhoneの感圧式ホームボタンが挙げられます。このボタンは、押すと内部のモーターが振動して押した感触を再現します。ユーザーはこの感触によって操作した実感を得ることができるのです（図3-3）。

この技術をXRへも用いることで、仮想空間内のヒトやモノに触れたとき手応えを実感することができ没入感をより一層高めます。

ハプティクスのしくみ

現在、ハプティクスは振動を発生させることで触覚を再現する方法が主流です。振動を発生させる方法は主に3つあります（図3-4）。

- 偏心モーター：**重心の偏った重りをつけたモーターを回転させることで振動を発生させる**。最も安価な一方、応答速度が遅い。
- リニア共振アクチュエータ：**電流を流すことで発生する電磁力を利用して重りを振動させる**。偏心モーターより小型化が可能な一方、応答速度は同程度。
- ピエゾ（圧電）素子：**電圧をかけると伸縮する特殊な素子を利用して振動を発生させる**。比較的高価なものの、応答時間が早く小型化もしやすい。

また、近年では**直接触れることなく触覚を伝える空中ハプティクス**が開発されています。英国のUltraleap社が開発した技術で、超音波を集中的にあてることで触覚を作り出すしくみです。この技術により、何もない空間にも触覚を再現することができます。そのため空中ハプティクスは、XRの没入感を飛躍的に高める技術として、大きく期待されています。

| 図3-3 | 感圧式ホームボタンに組み込まれているハプティクス |

ホームボタンを押すと振動が起きて、「ボタンを押した」というユーザーの実感を強めることができる

Taptic Engine
- Apple 社独自のハプティクス技術。iPhone 7 で初めて導入され、従来の物理的なホームボタンから感圧式ホームボタンに置き換わっている。
- ユーザーがホームボタンを押すと、微小なモーターが回転し、振動を発生させることで、押下感を再現している。

| 図3-4 | ハプティクスの実現方法 |

偏心モーター

- モーターの回転によって偏心した重りが振動を発生
- 応答速度が遅い

リニア共振アクチュエータ

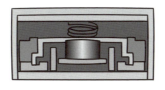

- 電磁力を利用して振動を発生
- 応答速度は偏心モーターとあまり変わらない

ピエゾ（圧電）素子

- 電圧をかけると伸縮する圧電素子の伸縮運動で振動を発生
- 応答速度が速い

Point

- ハプティクスとは振動や動きなどを与え、実在しないモノの触覚を再現する技術
- 振動を伝えるしくみには、偏心モーター、リニア共振アクチュエータ、ピエゾ素子がある
- 空中ハプティクスは超音波をあてることで空間に触覚を作り出す技術

3-3 ………… ルームスケール移動、トンネリング、テレポーテーション

» VR酔いを防ぐ表現

現実空間と仮想空間で動きがリンクするルームスケール移動

VR体験では、デバイスを通して伝わる視覚や聴覚の情報と実際の身体が感じる触覚にズレが生じることで、脳が混乱して自律神経の乱れを起こし、VR酔いが発症してしまいます。

そこで、VR酔いを防ぐための技術が主に3つあります（図3-5）。

1つ目は**ルームスケール移動**です。**ユーザーが実際に歩いて移動することで仮想空間でも同じように動くことができる技術**です（図3-6）。例えば、現実空間で一歩動くと、仮想空間でも同じようにアバターが一歩動くイメージです。この技術により、仮想空間のアバターの動きと自分の身体の動きが一致するため、VR酔い防止につながります。

視野角を制限して抑制するトンネリング

2つ目は**トンネリング**です。**VRヘッドセットのディスプレイに映し出される映像の視野角を狭めることでVR酔いを抑える方法**です。例えば、車で移動しているとき、外の景色を眺めていて気持ち悪さを感じたことがあるかもしれません。これは、目に映る情報（視覚）と身体が実際に感じる情報（内耳による平衡感覚）が一致しないことが原因で起きる症状です。

トンネリングでは、**視界に入る情報量を意図的に少なくする**ことで、こうした脳の不一致を防止してVR酔いを抑えています。

瞬時に移動して負担を軽減するテレポーテーション

3つ目は**テレポーテーション**です。**ユーザーが直接歩くことなく仮想空間内を瞬時に移動する方法**です。すると、**画面が暗転している間に脳が情報を整理する**ので、VR酔いを軽減することにつながります。

また、ゲーム中の「移動」は、多くの人が退屈に感じる瞬間でもあるため、**移動時間を短縮することでUXを改善する**効果も見込めます。

| 図3-5 | VR酔いを予防するための3つの手法 |

ルームスケール移動	トンネリング	テレポーテーション
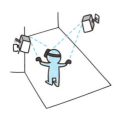		
現実空間と仮想空間での動きをリンクさせることで、VR酔いを防ぐ	VRヘッドセットの視野角を狭めることで、目に入る視覚情報を制限し、VR酔いを防ぐ	ユーザーが実際に移動せずに瞬間的に仮想空間内を移動することで、VR酔いを防ぐ

| 図3-6 | ユーザーとアバターの動きをつなぐルームスケール移動のしくみ |

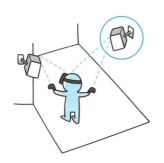

ベースステーションなどが
動きを検知する

ヘッドセットに内蔵された
光センサーやカメラが信号を検知する

VR空間の映像へ反映されて
動きが一致する

Point

- ルームスケール移動は実際の身体とアバターの動きを一致させる
- トンネリングは意図的に視野角を狭めることで情報量を制限させる
- テレポーテーションはVR酔いの原因である移動を排除させる

3-4 .... 音響解析技術、音響モデル

» 音声解析で没入感を高める

なぜ「音」が没入体験を向上させるのか？

　音は、没入体験を向上させるために欠かせない要素です。人間が空間を認識するときはさまざまな感覚器官を使っています。つまり、人間が空間を立体または3次元であると認識するためには、映像だけでなく音も非常に重要な要素の一つなのです。

XR技術に採用される主な音響解析技術

　音響解析技術には多くの種類があります。中でも、一般的なのは空間オーディオ技術です。空間オーディオ技術とは、**リアルタイムで音の位置や動きを解析してユーザーの聴覚に自然な形で再現する技術**です。

　具体的には、音が上下左右前後から聞こえるようにすることで、ユーザーに360度の音響体験を提供する3Dオーディオ技術があります（図3-7）。また、ユーザーの頭の動きに応じて音の方向を調整し、現実世界のように音の動きを感じられるヘッドトラッキング技術も必要です。さらに、音の反響や周囲の物体による音の遮断をシミュレートすることで、よりリアルなオーディオ体験を実現する音響レンダリング技術もあり、これらの技術によって構成されています。

音素を機械に読み込ませるために必要な音響モデル

　音をコンピュータに読み込ませるためには、音を音素に分解して音響モデルを構築する必要があります。音響モデルとは、隠れマルコフモデルやN-gramモデルなどの専門的な要素が絡み合う領域ですが、簡単にいうと音声をテキストに変換するための統計データのようなものです。

　この**音響モデルで音声を最小の単位である音素に分解し、異なる音素を組み合わせて単語や文章を形成します。**多くのXRデバイスでは、この音響モデルを使って機械に音声を認識させるのです（図3-8）。

figure 3-7 3つの音響解析技術

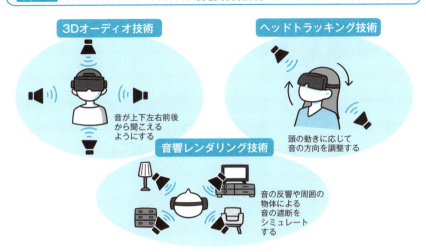

figure 3-8 音声認識のための音響モデルのしくみ

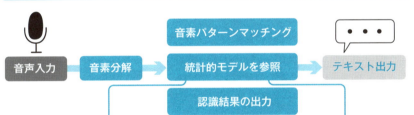

Point

- 人間が空間を認識するためには映像だけでなく音も重要な要素
- 空間オーディオ技術は音響解析において広く利用されている
- 音素を機械に読み込ませるには音響モデルを形成する必要がある

3-5 アイトラッキング

» 視線追跡でリアルな臨場感を実現

XRにおける「視覚」の重要性

XR体験において、視覚は最も重要な要素といっても過言ではありません。それは、私たち人間が空間を認識する際、大部分を視覚に頼っているからです。とある研究によれば、人間が感覚情報を処理する際、視覚情報が全体のおよそ80％を占めているとされています。

つまり、没入感を最大限に高めるためには、仮想空間上のオブジェクトを現実のオブジェクトであるかのように脳に認識させなければなりません。視覚的な没入感を高める技術は数多くありますが、中でも**アイトラッキング**（視線追跡）という技術が最も一般的です。

アイトラッキングとは?

アイトラッキングとは、**人間の目の動きや注視点を検出して解析する技術**です。多くのXRデバイスでは、ユーザーの目の動きを正確に捉えるために、この視線追跡技術が実装されています。視線追跡技術は一般的に、赤外線光源を使いユーザーの瞳に光をあて、反射をカメラで捉えることで動作します。この反射パターンから特定のアルゴリズムを用いて眼の位置と視線の方向を計算し、視線を追跡しています（図3-9）。

アイトラッキングでできること

XRデバイスにアイトラッキングを実装すると、さまざまなことができるようになります（図3-10）。例えば、目の動きだけでインタフェースを操作できる**インタラクティブコントロール**や、視線が集中している部分のみを高解像度で表示して、デバイスの負荷を下げる**レンダリング最適化**があります。また、視線のパターンやまばたきの頻度からユーザーの興味や感情状態を推測する**感情分析**などを取り入れることで、XR体験を飛躍的に向上させることが可能です。

| 図3-9 | アイトラッキングのしくみ |

デバイス内部の赤外線光源から赤外線が発せられユーザーの眼球にあたり、デバイス内のカメラが捉える → 目の動きをトラッキング → 注視点を検出

→ 専用のアイトラッキングアルゴリズムを適用してデータを解析 → 視線追跡データを出力

| 図3-10 | XRデバイスの可能性を広げるアイトラッキング |

インタラクティブコントロール

目の動きだけで、画面を操作することができる

レンダリング最適化

視線が集中している部分のみを高解像度で表示することでデバイスの負荷を下げる

感情分析

 怒る
 喜ぶ
 泣く

視線のパターンやまばたきの頻度からユーザーの感情を推測

Point

- XRにおいて視覚は最も重視するべき感覚
- アイトラッキングは人間の目の動きを正確に捉えて解析する技術
- アイトラッキングによって、操作性やユーザーに合わせて体験の価値を向上させたり、デバイスの負荷を軽減できたりする

3-6 .... 3Dモデリングスキル、Tilt Brush、フローティングUI

» 3D空間での創作

3D空間の創作活動に必要なこと

　3D空間の創作活動では、**3Dモデリングスキル**が最も重要です。具体的には、ポリゴンの構築やメッシュの編集、テクスチャの適用、シェーディングの設定などのスキルを指します（図3-11）。他にも、光源の配置や質感の設定によるライティング技術も、3D空間の表現で非常に重要な要素となります。現在では、こうした3Dモデリングスキルを支援するツール、例えばBlenderやMaya、3ds Maxなどが有名ですが、Google社が開発した**Tilt Brush**というツールも特筆すべきでしょう。

Tilt Brushにみる新しい創作スタイル

　Google社のTilt Brushとは、2016年にリリースされた仮想空間用の3Dペインティングツールです。日本では、VRアーティストとして有名なせきぐちあいみさんが愛用したことで話題となりました。
　Tilt Brushを使用すると、ユーザーはリアルタイムで仮想空間に立ちながら、さまざまなテクスチャや効果を持つブラシを使って直感的に描画できます。例えば、火の粒子を散らすブラシを選択すれば、その場で動きながら火の粉を散らすようなデザインができるのです。

フローティングUIによって「浮かんでいる感じ」も演出できる

　また、**フローティングUI**（Floating User Interface）という技術もあります。これは、浮かんでいる様子を演出できるUIで、主な特徴は**3D空間内にデジタル情報をオブジェクトとして浮かせて配置できる点**にあります（図3-12）。これによりユーザーは現実空間を移動するだけでデジタル情報に触れることができるようになります。
　こうした特性から、この技術は3D空間でのアプリケーションや教育ツールなどあらゆる場面での利用が期待されています。

60

図3-11　基本的な3Dモデリングスキル

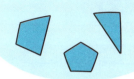
ポリゴンの構築

メッシュの編集

テクスチャの適用

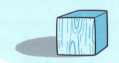
シェーディングの設定

3D空間の表現で非常に重要な要素となる

図3-12　フローティングUIの特徴

現実世界との親和性が高い
現実の風景に情報が重なるため、現実空間に溶け込んだ自然な体験ができる

3D空間内にデジタル情報をオブジェクトとして浮かべて配置
現実空間にデジタル情報を浮かび上がっているように表示させることができる

Point

- 3D空間での創作活動では3Dモデリングスキルが重要
- Tilt Brushなどの直感的なデザインができるツールも登場している
- フローティングUIで3D空間に浮かんでいる様子を演出できる

3-7 .... 低遅延、5G

リアルタイムでの通信を可能にする5G通信技術

XR体験において「低遅延性」は品質に直結する

XR体験において、高速通信環境の構築は欠かせません。メタバースが最終的に目指している体験の質は現実空間と変わらないものです。現実空間で遅延（レイテンシ）が発生しないように、仮想空間でも遅延の発生は望ましくありません。通信における低遅延性は製品の品質に直結します。

現在の高速通信技術で最も注目すべきは、5G（第5世代移動通信システム）です。従来の通信技術に比べて**大幅に高速なデータ通信ができます**。また、接続デバイスの増加や遅延の大幅な削減も実現します（図3-13）。

高速なデータ通信には、アンテナ技術のMassive MIMOを用います。複数のアンテナを使用した無線通信技術MIMOを発展させた技術です。電波を特定の方向へ届けるビームフォーミングという技術も組み合わせます。

接続デバイスの増加には、グラント・フリーです。この技術は、従来必要だった通信の事前許可をなくし、デバイスと基地局の通信をシンプルにすることで、同時に接続できるデバイスの台数の増加を実現しています。

最後に、遅延の大幅な削減を実現するエッジコンピューティング技術です。データ処理をデバイスに近い場所（エッジサーバー）で行い、送受信にかかる時間を短縮します。これらにより、5Gの通信は実現できるのです。

6G通信にも期待がかかる

XR体験を普及させるためには、5Gを上回る高速通信が必要です。そのための次世代通信技術として注目されているのが6Gです。

6Gとは、**現在の5Gの進化形として開発が進められている通信技術**で、2030年代の商用化を目指しています。5Gよりもさらに高速で、テラヘルツ波帯を使用し、理論上のデータ転送速度は**1秒間に数テラビット**に達する可能性があります。従来の5G通信と比較すると、速度だけでなく、デバイス間の接続能力やネットワークの信頼性も大幅に向上し、より広範囲での高密度接続が可能になります（図3-14）。

図3-13	5Gでできること

高速なデータ通信	接続デバイスの増加	遅延の大幅な削減
Massive MIMO ×ビームフォーミング	グラント・フリー	エッジコンピューティング

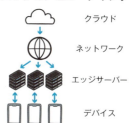

複数のアンテナ＋電波を特定の方向へピンポイントに届ける | 従来必要だった通信の事前許可をなくし、デバイスと基地局の通信をシンプルにする | データの処理をクラウドではなく、デバイスに近いエッジサーバーで行う

図3-14	5Gと6Gの比較

((5G))
- 10Gbps以上の高速データ通信が可能
- 4Gに比べて大幅な通信速度の向上を実現
- 多数のデバイスが同時に接続可能
- 通信の遅延が大幅に削減
- 高解像度動画をわずか数秒でダウンロード可能

((6G))
- 5Gをさらに進化させた次世代の高速通信技術
- 2030年代の商用化を目指している
- 通信速度だけでなく、デバイス間の大規模接続が可能になる
- ネットワークの信頼性が格段に向上
- 広範囲での高密度な接続環境を実現

6Gによってリアルタイムでの複雑なXRデータ処理と、大量デバイス接続が実現できると期待されている

Point

- XR体験においては、できる限り遅延を抑える必要がある
- 現在主流の高速通信技術は5G
- 次世代高速通信技術として、6Gにも注目が寄せられている

3-8 .... レンダリング、CPU、GPU

瞬時に描写される
リアルタイムレンダリング

XR体験を支えるレンダリング

XRデバイスのスペック表には、必ずといっていいほどレンダリングという項目が設定されています。レンダリングとは、コンピュータがデータから画像や映像を生成するプロセスのことです。

具体的には、3Dモデルやアニメーション、環境のデータをもとにして最終的な画像や映像を作り出す作業を指します。レンダリングには、リアルタイムレンダリングとオフラインレンダリング（プリレンダリング）の2種類があり、**XRで利用するのはリアルタイムレンダリング**です。

XR体験を向上させるためにはリアルタイムレンダリングが重要

リアルタイムレンダリングでは、**ユーザーの動きに合わせて環境が即座に更新されます**（図3-15）。例えば、ユーザーが頭を動かすと、視界も同時に切り変わります。この反応の高速さが現実感を増幅させて、より深い没入感を生み出すのです。逆に遅延があると、不自然さやVR酔いの原因となり、体験の質が低下してしまいます。

リアルタイムレンダリングには高性能CPUまたはGPUが必須

リアルタイムレンダリングには多くの計算リソースを使用するため、非常に高性能なCPU（Central Processing Unit）とGPU（Graphics Processing Unit）が不可欠です（図3-16）。

CPUは、コンピュータの中心的な処理装置で、**コンピュータの指令を読み取り、解析し、実行する役割を持ちます**。GPUは、特に**画像やビデオの処理を得意とするコンピュータの部品**です。

リアルタイムレンダリングでは、これらの画像やビデオを瞬時に生成し、変更する必要があります。そのため、強力なGPUがなければ、複雑なシーンをスムーズに表示することが難しくなってしまいます。

図3-15　XR開発で利用されるリアルタイムレンダリング

ユーザーの視点移動に合わせて
リアルタイムでレンダリングされる

高いCPU/GPUの並列処理能力を生かし、
現実感を増幅させて深い没入感を実現

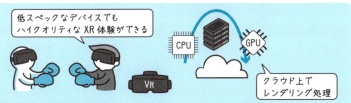
リモートレンダリングをすることでクラウドゲーミングなどにも対応できる

図3-16　リアルタイムレンダリングにおけるCPUとGPUの役割

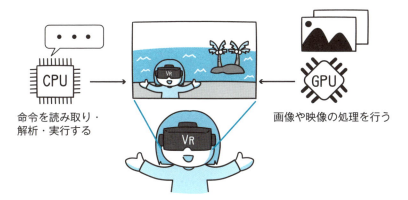

命令を読み取り・解析・実行する　　　　画像や映像の処理を行う

高性能CPUとGPUがリアルタイムレンダリングを支える

Point

- レンダリングとは、データをもとに最終的に出力される画像や映像を作り出すプロセスのこと
- リアルタイムレンダリングにより、ユーザーの動きを仮想環境へ即時に反映させることが可能
- 高性能CPUとGPUはリアルタイムレンダリングに不可欠

やってみよう

VRを体験してみよう

　最近ではYouTubeでも多種多様な360度動画が公開されており、スマートフォンで手軽にVR体験ができるようになっています。

　試しにYouTubeの検索欄で「360度動画」と検索すると、ジェットコースターに乗っている視点を楽しめる動画や、野生動物を間近で見ることができる動画など、無料で視聴できるさまざまなコンテンツが表示されます。気になるコンテンツを選んで、実際にVRの世界を体感してみましょう。

　360度動画は実際にその場所に訪れたかのような体験を簡単に味わうことができます。スマートフォンを動かして視点を変えながら、上下左右や前後を自由に見渡し、VRならではの没入感の高い映像を試してみてください。

　他にも、スマートフォンのゲームアプリケーションを通じてVR体験をすることができます。視聴するだけのVR動画とは異なり、実際に手や身体を動かして操作したり、スマートフォンのカメラを現実のモノにかざしたりしながら進めます。

　VRゲームは、すでにさまざまな種類のタイトルが公開されており、ホラー要素のある脱出ゲームやプラネタリウムを再現して星座を学べるもの、自分だけのオリジナルの街を作り、プレイヤー同士がコミュニケーションを取れるSNSの要素を含んだコンテンツなどが無料で楽しめます。

　視覚的な楽しさだけでなく、身体を動かしながらプレイすることで、より深い没入感や臨場感のある新感覚の体験ができる点も良さの1つです。

　ここで紹介した360度動画やゲームアプリケーション以外にもVR体験ができるコンテンツはいろいろあるため、ぜひ探してみてください。

第4章

XR体験を豊かにする表現・コミュニケーション

～ヘッドセットの外側へと広がる仮想世界～

4-1　　　　　　　　　　　　　　　　　　　　　ロケーションベースAR

≫ 現在地を把握する測位技術

パーソナライズされたXRコンテンツ

　ユーザーの正確な位置情報を得ることで、その場所に適したデジタル情報を**リアルタイムで合成し、重ねて表示させること**ができます（図4-1）。

　例えば、観光地では歴史や文化に関する情報を視覚化し、目的地までの経路を案内することも可能になります。地域の名所ではゲームやクイズを楽しめるなど、コンテンツのパーソナライズ化も図れます。

　測位技術は、ユーザーの移動に伴いリアルタイムで位置情報を更新し、変化に応じてデジタルコンテンツを調整することができます。そのため、ユーザーは常に最新の情報やコンテンツを得ることができます。

リッチな没入型の体験

　ユーザーの現在位置を正確に把握し、その場所に合わせたデジタルコンテンツを提供する技術として、**ロケーションベースAR**が挙げられます（図4-2）。

　ロケーションベースARは、GPS、Wi-Fi、ビーコンなどの位置測位技術を用いて、ユーザーの位置情報を取得します。その取得した位置情報とオンラインの地図サービスや特定のデータベースを組み合わせて、**ユーザーが見ている現実世界にデジタルコンテンツを正確に配置すること**ができます。位置合わせには、加速度センサーや磁気センサーを使い、**デバイスの傾きや方角を測定して画面上のどの位置にデジタル情報を表示させるか**を決めます。

　このようにロケーションベースARは、現実世界の位置情報にもとづいた最適なARコンテンツを提供することで、現実空間とデジタル情報を密接に連携させ、没入感のある体験を提供することができるのです。

| 図4-1 | パーソナライズされたデジタルコンテンツ |

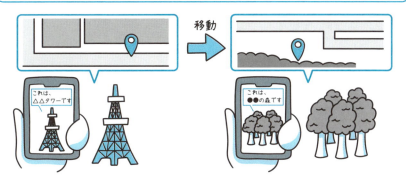

・ユーザーの位置情報を正確に得る
・移動による変化に応じて、適切なデジタルコンテンツをスマートフォンなどのデバイスに表示させる

| 図4-2 | ロケーションベースARのしくみ |

 ＋

位置測位技術を活用してユーザーの現在位置を取得する

位置情報にもとづいて、オンライン地図サービスやデータベースからデジタルコンテンツを取得

デバイスのカメラで捉えた現実空間の映像にデジタルコンテンツを表示

Point

- ユーザーの正確な位置情報を得ることで、質の高いデジタル情報を提供することができる
- GPS、Wi-Fi、ビーコンなどの位置測位技術と、オンラインの地図サービスや特定のデータベースを組み合わせることで、リッチなXR体験が可能になる

第4章 現在地を把握する測位技術

4-2 .... プロジェクションマッピング

》現実世界に投影する技術

周囲の環境すべてが拡張現実空間

　現実世界へ仮想コンテンツを投影する手法として、**プロジェクションマッピング**があります。この技術は、現実世界に直接、仮想オブジェクトや情報を投影することで、現実世界とデジタルコンテンツを自然に融合させることができます。

　例えば、建物の外観に対して建築当時の姿を投影することで、まるで時空を超えて過去の様子を目のあたりにしているかのような体験を提供できます。また、屋外の遊園地などではエンターテインメントコンテンツとして、幻想的な世界観を演出するケースもあります。

　このように**ユーザーの周囲の環境すべてが拡張現実空間**となり、仮想と現実の世界が交わるまったく新たな体験ができます。これらの投影技術は、仮想と現実を高度に結合した世界を実現するXRの中核をなす表現手法であり、今後さらなる発展が期待されています。

物体の立体形状を生かした臨場感あるXR体験

　プロジェクションマッピングは、特定のオブジェクトや空間の形状に合わせて映像や情報を投影する技術です（図4-3）。単に平面へ投影しているだけではなく、**物体の立体形状や凹凸を考慮して映像をひずませること**で、その物体に映し出されている変化が実際に起きているかのような臨場感を実現できます。

　具体的には、対象となる物体の3Dデータを取得して、そのデータにもとづきプロジェクターからの映像のひずみ具合を計算して、ひずみ補正パラメータをプロジェクターの映像信号に反映させます（図4-4）。すると、物体へ正確にマッピングされた映像が投影されるというしくみです。さらに、複数のプロジェクターを組み合わせれば、よりリアルで没入感の高い映像体験が可能になります。

| 図4-3 | 平面ではなく立体物に投影することで臨場感が生まれる |

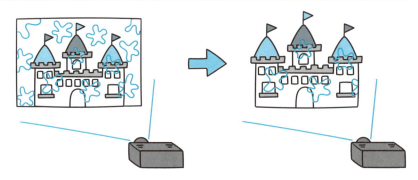

通常の投影では平面的になったり不要な部分にも映像がかかったりしてしまう

プロジェクションマッピングで立体的かつ必要な部分にのみ映像をかけられる

| 図4-4 | プロジェクションマッピングのしくみ |

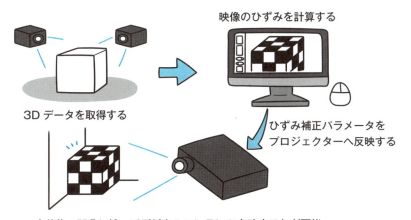

3Dデータを取得する

映像のひずみを計算する

ひずみ補正パラメータをプロジェクターへ反映する

立体物の凹凸に沿ってデジタルコンテンツを映すことが可能

Point

- 周囲の環境が拡張現実空間となりユーザーは臨場感のある体験ができる
- 物体の立体形状や凹凸を生かすことで、よりリアルな映像を投影することができる

4-3 ·········· エコーキャンセル、ノイズサプレッション、ジッターバッファ

音声でつながる
ボイスチャット技術

3D空間におけるボイスチャット

　XRでも幅広く使われるのがボイスチャットの技術です。まずはボイスチャットで扱う音声データの基本情報3つについて紹介します（図4-5）。

　1つ目はサンプリング周波数です。音声波形のアナログ信号をデジタル信号に変換するときの数値で、**高いほど正確に音声を再現できます**。2つ目はビットレートです。音声データを圧縮する際の情報で、これも同じく**高いほどより高品質な音声**です。3つ目はチャンネル数です。「モノラル」や「ステレオ」のことで、録音される音源の数を表します。

　モノラルは音源を1つの音声データとして、ステレオは左右の音声を別々のデータとして記録する方式です。モノラルでは1つのスピーカーから音が出力されますが、**ステレオは2つのスピーカーから出力されるので音の広がりや立体感を表現できます**。

3D空間を表現するために必要な機能

　VRアプリケーションでは、**3D空間を利用して3次元的に音を再生させる立体音響効果**があります。ユーザーの位置をもとに耳に届く音声の音量差を算出して、位相差や遅延を制御します。すると、ユーザーの動きに合わせて音声の方向や距離感が変わる立体音響を実現できます。

　さらに、音質をよくする機能を見ていきます（図4-6）。まずは**エコーキャンセル**です。受信者のスピーカーで再生された声をマイクが拾い自分に戻ることを防ぐために、**マイクとスピーカーからの音声を比べて不要なエコー成分を減らします**。次に**ノイズサプレッション**です。外からの雑音で音声の聞き取りや口の動きと連動させる処理に影響が出ないよう、**不要な周波数成分を消して音声の聞き取りやすさを高める**機能です。最後は**ジッターバッファ**です。パケットの遅延などで音声波形がずれて再生されないことやノイズの発生を防ぐために、**一定サイズのバッファを置きデータを蓄えることで、音声を安定させて再生できます**。

図4-5		音声データの基本情報
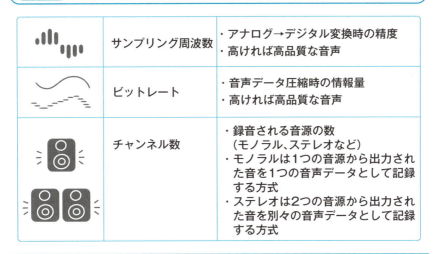	サンプリング周波数	・アナログ→デジタル変換時の精度 ・高ければ高品質な音声
	ビットレート	・音声データ圧縮時の情報量 ・高ければ高品質な音声
	チャンネル数	・録音される音源の数 　（モノラル、ステレオなど） ・モノラルは1つの音源から出力された音を1つの音声データとして記録する方式 ・ステレオは2つの音源から出力された音を別々の音声データとして記録する方式

図4-6　音質のよいボイスチャットのしくみ

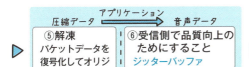

①音声入力
マイクからの音声をデジタルデータに変換

音声データ → アプリケーション → 圧縮データ

②送信側で品質向上のためにすること
・エコーキャンセル
・ノイズサプレッション

③圧縮
ネットワークに送るときに適するよう「音声データ」を圧縮する

④送信

ネットワーク

圧縮データ → アプリケーション → 音声データ

⑤解凍
パケットデータを復号化してオリジナルの音声データに戻す

⑥受信側で品質向上のためにすること
ジッターバッファ

⑦音声出力
アナログ音声に変換し、スピーカーから出力

Point

- 音声データはサンプリング周波数、ビットレート、チャンネル数の基本情報から構成されている
- 3Dボイスチャットは音量差を算出した立体音響効果によって実現できる
- 音質はエコーキャンセル、ノイズサプレッション、ジッターバッファを用いて向上させていく

4-4 .... ジェスチャー認識、アバター技術

映像でつながる
ビデオチャット技術

仮想空間内でのリアルなコミュニケーションを実現する技術

　XRにおけるビデオチャットでは、遠隔地にいる人と仮想空間を共有することで、実際に同じ場所にいるかのような臨場感あふれる体験ができます（図4-7）。例えば、離れたオフィスの同僚や取引先とXR会議を行えば、対面に近い感覚で交流することができます。

　この技術により、参加者全員の表情や発話内容もリアルタイムに伝わるため、コミュニケーションの質も格段に高まります。現代では、テレワークやオンライン教育、遠隔医療などの分野で、このビデオチャット技術はXRならではの価値を生み出しています。

人々の動きや表情を仮想空間に投影

　仮想空間内で人のさまざまな動きや表情を再現する技術として、**ジェスチャー認識**と**アバター技術**が重要な役割を担っています（図4-8）。

　ジェスチャー認識は、3Dセンサーやカメラを使用して、ユーザーの手の動きや身体の動作を検出し、それをデジタルデータに変換する技術です。これにより、**手振り1つでオブジェクトの操作や移動、拡大縮小などのアクションを直感的に行うこと**ができます。さらに身体の動きに応じて、仮想空間内に存在するアバターを動かすこともできます。こうしたジェスチャーインタフェースにより、仮想空間での動きがより自然になります。

　一方のアバター技術は、ジェスチャー認識で取得したデジタルデータを用いて、**ユーザーの姿勢や表情、発話内容をリアルタイムで擬人化し仮想空間に投影します**。このアバターがユーザーの分身となり、臨場感のあるコミュニケーションを実現してくれます。

　こうしたジェスチャー認識とアバター技術の融合により、ユーザーは身体性を持った存在として仮想世界に溶け込み、リアルな体験と対話を楽しめるようになります。

| 図 4-7 | 仮想空間内での存在感とリアリティの向上 |

遠隔地にいても対面と変わらない感覚でコミュニケーションを取ることができる

| 図 4-8 | ジェスチャー認識とアバター技術による自然な動きと表情の投影 |

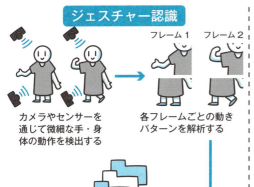

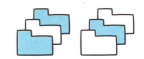

ジェスチャー認識で取得した
デジタルデータをアバターに反映する

細部の動きまでアバターに
反映させることができる

Point

- ビデオチャットを通じて離れた場所にいる人々が仮想空間内で集まり、リアルタイムでのコミュニケーションが可能になる
- ジェスチャー認識により、ユーザーの手や身体の動きが直感的なアクションとして仮想空間に反映される
- アバター技術により、ユーザーの姿勢や表情が擬人化され、仮想空間で人の感情を表現できる

4-5   TCP、UDP

≫ アバター同期の通信規格

アバターを通じたコミュニケーションの体験価値

　仮想空間のコミュニケーションにおいて、アバター同士が通信を行う機能が重要な役割を担っています。

　アバターは、ユーザーの動作や表情、発話内容を投影した分身のような存在です。アバター同士でコミュニケーションを取る際、もしタイムラグが発生したり、実際とは異なる表現が反映されてしまうと、現実と同様の交流が難しくなってしまいます。

　つまり、**アバター同士が円滑に通信を行えるかどうか**が、XR体験の質を大きく左右するのです。

通信に使用されるプロトコル

　XR空間におけるアバター同期通信を実現するための規格には、**TCP**（Transmission Control Protocol）と**UDP**（User Datagram Protocol）が広く用いられています（図4-9）。

　TCPはデータ通信における**信頼性の確保を重視したプロトコル**です。データの送受信時にパケット損失や重複の有無を確認し、確実な通信が行えるまでデータを再送するため、安定した双方向の通信ができるようになります。

　一方UDPは、**通信の即時性を優先するプロトコル**です。データ到達の保証はありませんが、パケット損失が発生してもすぐに次のデータを送信します。そのため、**リアルタイムでの動きの反映が優先されるアバター動作の同期に適したプロトコル**といえます（図4-10）。

　このようにTCPとUDPは、特性に違いがあるため、XRアプリケーションでは用途に合わせて使い分けられているのです。

図4-9　アバター同期通信におけるTCPとUDPの違い

プロトコル	TCP (Transmission Control Protocol)	UDP (User Datagram Protocol)
特徴	・信頼性が高い ・データ到達を保証 ・順序性を保証 ・双方向通信 ・ヘッダサイズが大きい	・即時性が高い ・データ到達を保証しない ・順序性を保証しない ・単方向通信 ・ヘッダサイズが小さい
適した用途	・ファイル通信 ・Web閲覧 ・信頼性重視	・リアルタイム動作 ・アバター同期 ・即時性重視
適さない用途	・リアルタイム動作 ・アバター同期	・信頼性重視 ・大量データ転送

図4-10　アバター同期に適したプロトコル

信頼性重視でデータの送受信時にパケット損失や重複の有無を確認する

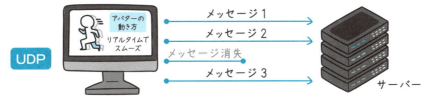

スピード重視でパケット損失が発生してもすぐに次のデータを送れる

Point

- アバター同期通信を円滑に行うことで、XR体験の質を向上する
- TCPとUDPはトレードオフの関係にあり用途に応じて使い分けられる
- TCPは通信の信頼性を重視したプロトコルで、UDPは通信の即時性を重視したプロトコル

4-6 .... サーバークライアント方式、P2P方式、Nearcast

» マルチユーザー環境の種類

規模によって適した通信方式

ユーザー間で通信を行う方式には、サーバークライアント方式とP2P（Peer-to-Peer）方式の2種類があります（図4-11）。

サーバークライアント方式は、ネットワーク上でクライアントというコンピュータがサーバーとリクエストをやりとりする方式です。**サーバーにすべての情報が集まり、管理やセキュリティ確保が簡単にできるため**、大規模なマルチプレイでよく使われます。しかし、サーバーとの通信が必要なので、ネットワークの帯域幅やレイテンシ（通信の遅延時間）に依存し、サーバーの負荷による性能の違いが出てしまいます。

P2P方式は、クライアント同士がネットワーク上でサーバーを介さずに通信して情報を共有する方式です。**ネットワークが分散するため負荷が軽減され、安定した高速の通信を行えます**。しかし、接続数が多いとその分負荷も大きく、通信の遅延による同期ズレやネットワークの切断なども生じるため、10人程度の小規模な通信でよく使用されます。

同期の制限について

サーバークライアント方式では、サーバー側にかかる負荷に注意する必要があります。例えば、サーバー側の送信量は人数に対し2次関数的に増えます。そのため、多くのユーザーと同期する場合には通信量の制限が必要となります。その方法の一つにNearcastがあります。

Nearcastとは、**位置情報にもとづいて同期する頻度を変える手法**です（図4-12）。近くにいるユーザーを優先して同期し、遠くにいるユーザーは同期の頻度を落とす、または同期を行わないようにします。これによりサーバー側の送信量による負荷を下げて、大人数での同時接続を実現できます。また、クライアントのアバター表示を制限することも可能です。

図4-11　サーバークライアント方式とP2P方式の違い

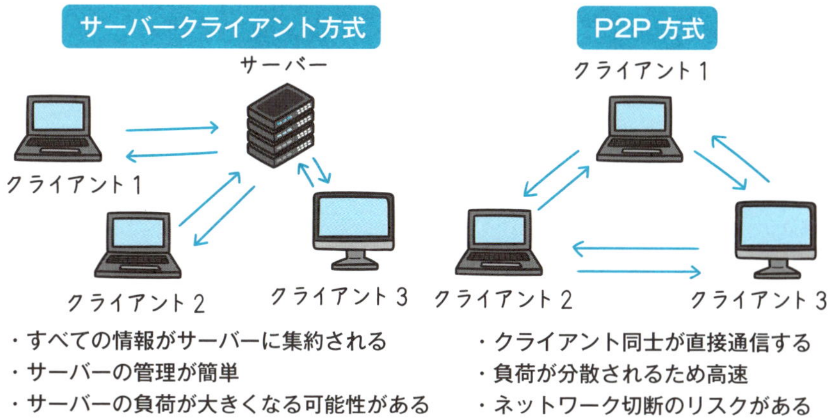

サーバークライアント方式
サーバー
クライアント1
クライアント2
クライアント3
P2P方式
クライアント1
クライアント2
クライアント3
・すべての情報がサーバーに集約される
・サーバーの管理が簡単
・サーバーの負荷が大きくなる可能性がある
・クライアント同士が直接通信する
・負荷が分散されるため高速
・ネットワーク切断のリスクがある

図4-12　Nearcastによる距離での制限

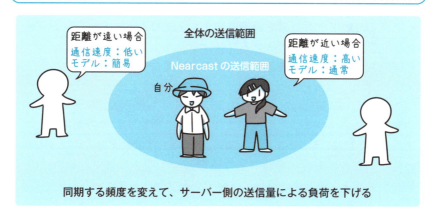

距離が遠い場合
通信速度：低い
モデル：簡易
全体の送信範囲
距離が近い場合
通信速度：高い
モデル：通常
Nearcastの送信範囲
自分
同期する頻度を変えて、サーバー側の送信量による負荷を下げる

Point

- 通信方式にはサーバークライアント方式とP2P方式の2つがある
- それぞれ利点と欠点があるため、プロジェクトやシステムに適した方式を選択することが重要となる
- サーバーの負荷は人数が増えると2次関数的に増えるため、Nearcastによる通信制限やアバターの表示制限をかける必要がある

4-7   VRM

» 3Dアバターのための データフォーマット

3Dアバター専用の標準規格VRM

　3Dアバターを保存するためには、そのデータ形式が重要です。フォーマットは、fbx, obj, dae, abc, glTF, max, blend, x など複数の種類がありますが、データ形式が異なると互換性がなくアプリケーション間でデータを共有できません。そこで登場したのが、**アバター専用の共通フォーマット**である **VRM** です（図4-13）。VRMは圧縮ファイルで、次のような**3Dモデルのデータや設定ファイルが格納されています**（図4-14）。

- 頂点（点）、面、素材（色や画像）でできた3Dモデルデータ
- ボーンと関節でできた骨格（モデルを動かすための構造）
- モデルの動作（ポーズや表情の変化）を決めるアニメーションデータ
- 表情をスムーズに変化させるブレンドシェイプデータ
- 髪の毛や服の動きを再現するための設定情報

　このように、VRMにはアバターの3Dモデルから動作設定までのさまざまな情報が含まれています。これにより自然な動きのアバターを実現しています。また、**VRMはオープンソース**のため、VRChatなど多くのアプリケーションが対応しており、今後さらなる普及が予想されます。その他にも、作成したアバターを自由に投稿・共有できるプラットフォームもあります。

VRMを作成できるツール

　VRMのモデルは、VRoid Studioなどのモデリングソフトで作成できます。また、UniVRMなどのゲーム開発プラットフォームのプラグイン、glTF-Maya-Exporterなどのモジュールを使用することにより、**非対応のアプリケーションでも作成・編集ができます**。リッチな3DアバターはXR空間における体験価値を高めるものです。業界全体での規格統一が進めば、表現の自由度と臨場感は飛躍的に高まるでしょう。

80

| 図4-13 | アバター専用の共通フォーマット |

従来の3Dデータフォーマット

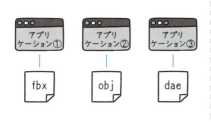

アプリケーションごとにデータ形式が異なり、互換性がない

VRM
（アバター専用の共通フォーマット）

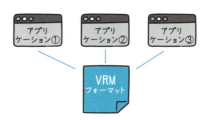

複数のアプリケーション間で1つのデータ形式を使うため、互換性がある

| 図4-14 | エクスプローラで展開したVRM |

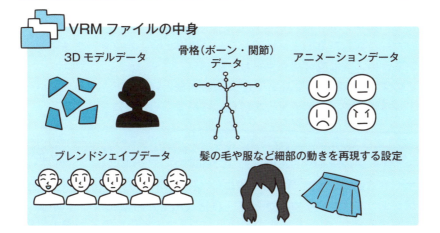

Point

- VRMはさまざまなアプリケーションで同じアバターを簡単に取り扱えるようにするために作られた3Dアバターモデルのデータ形式
- VRMは3Dモデルやアニメーションに加えて、まばたきや視線の動き、ブレンドシェイプ、髪や服の追従動作の情報も持つことができる

4-8 オート追跡撮影、PTZカメラ

» オート追跡で撮影する技術

自由な動作性と表現力の向上

オート追跡撮影は、カメラが自動的にユーザーの動きを追いかけ、最適な構図で撮影を行う技術です（図4-15）。オート追跡撮影を活用することで、ユーザーは手動でカメラをコントロールする必要がなくなり、空いた両手を自由に動かすことができます。例えば、XRゲームで剣を手に持ちながら戦闘を行う際、カメラはプレイヤーの動きに合わせて自動的に構図を整えます。すると、ユーザーはより戦闘に集中することができ、臨場感あふれるゲーム体験を楽しむことができます。

さらに、XRを使ったコミュニケーションにも大きな価値をもたらします。遠隔会議やオンライン会話において、カメラが発話者を自動で追跡するため、相手に対する自然な表情を伝えることができるようになります。アバターを介したコミュニケーションの質が大幅に高まり、まるで対面しているかのような臨場感が生まれます。

このようにXR空間において自由な動作性と表現力の向上をもたらし、リアルな表情やジェスチャーを自在に体現できるようになります。

オート追跡撮影を実現する手段

オート追跡撮影を実現する手段には、PTZ（Pan/Tilt/Zoom）カメラの活用があります。PTZカメラとは、パン（水平方向の回転）、チルト（垂直方向の回転）、ズーム（拡大・縮小）の３つの動作を電子制御で自在に行えるカメラシステムです（図4-16）。PTZカメラを使うことで自動的にユーザーの動きをリアルタイムで捉え、カメラの向きやズームの度合いを調整しながら最適な視野角と構図で被写体を追跡することができます。

このシステムを応用すれば、複数のPTZカメラを連携させた高度な撮影もできます。例えば、1台のカメラではユーザーの全身を追跡し、別のカメラでは表情をアップで捉えるといった使い方ができます。

| 図 4-15 | 人の動きを自動で追跡するカメラ |

カメラが人の動きを感知し追跡することによって、
自動で最適な視野角と構図で撮影できる

| 図 4-16 | PTZカメラによるオート追跡撮影のしくみ |

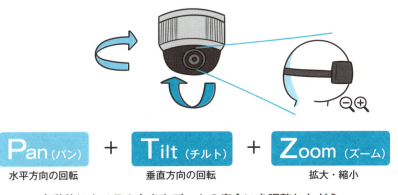

Pan (パン) ＋ **Tilt** (チルト) ＋ **Zoom** (ズーム)
水平方向の回転　　　垂直方向の回転　　　拡大・縮小

自動的にカメラの向きやズームの度合いを調整しながら、
ユーザーの動きを捉える

Point

- オート追跡撮影とは、カメラがユーザーの動きを自動追跡し、最適な視野角と構図で撮影する技術
- PTZカメラとは、パン、チルト、ズームの3つの動作を電子制御で自在に行えるカメラシステム

やってみよう

アバターを動かしてみよう

　仮想空間の中で、あなたの分身となるアバターを作成して、自由に動かしてみましょう。

　まずは無料で利用できる「VRChat」（https://hello.vrchat.com/）というプラットフォームから始めてみてください。VRChatは、PCでもVRヘッドセットでもアクセスが可能です。

出典：VRChat公式HP

　アカウントを作成し、VRChat上に無料で公開されている複数のアバターから好みのアバターを選んでみましょう。

　アバターを選んだら、ワールドに入って早速アバターを動かします。キーボードやマウス、VRコントローラーを使って、アバターを自由に歩かせたり、ジャンプやしゃがみ込みのアクションをさせることができます。

　特に、VRヘッドセットを使えばユーザーの頭の動きに合わせてアバターの視線が自然に動くので、まるで自分自身がその世界を歩いているかのような没入感が味わえます。挨拶をする、かっこいいダンスを踊らせるなど、表現の幅が格段に広がります。

第5章

XRの描画能力を向上させる技術

〜リアルな映像をより効率的に作り出すソフトウェアの進化〜

5-1　·········· VPS

» 現実映像から位置を特定する技術

XRにおける描画能力とは？

XRにおける**描画能力とは、VRやARなどの仮想環境でコンピュータがリアルタイムで3Dの画像を生成して表示する能力**のことです。簡単にいうと、XRデバイスの描画能力が高ければ、より複雑で繊細な仮想空間をスムーズにかつ高解像度で体験できます。

逆に、描画能力が低いと、画像が粗くなったり、動きがカクカクしたりして没入感が損なわれます。したがって、デバイスの描画能力はXR体験の質を決定する非常に重要な要素の一つなのです。

描画能力を向上させるためには位置特定技術が不可欠

また、描画能力が高いと、よりリアルで鮮明な画像が得られますが、それだけで十分とはいえません。ユーザーが物理的に動くたびにその位置を正確に特定し、そのデータにもとづいて仮想環境やオブジェクトを正確な位置にリアルタイムで描画する技術も必要です（図5-1）。この正確な位置特定ができないと、例えばユーザーが頭を動かしたときに仮想空間がずれて見えることがあり、没入感を大きく損ねてしまうのです。

VPSにみる位置特定技術

VPS（Visual Positioning System）は、特にARの分野で利用される位置特定技術の一つです。VPSを利用すると、スマートフォンやARデバイスが周囲の環境をカメラで撮影し、その画像をもとに**向きや方角などの位置情報を正確に把握する**ことができます。

例えば、Google MapsなどにもVPSが利用されています。位置情報というとGPSを思い浮かべることが多いと思いますが、**VPSはGPSよりもはるかに精密な位置情報を取得できる**のです（図5-2）。

図5-1 「描画能力」と「位置特定技術」の重要性

描画能力
描画能力が高いほど、高解像度な映像を実現できる

位置特定技術
位置特定技術が高いほど、現実世界との差を感じにくい

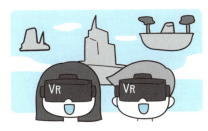

描画能力と位置特定技術の両方が高水準に組み合わさることでXR体験の没入感が高まる

図5-2 VPSとGPSの違い

VPS カメラ画像から現実世界の特徴点を認識して位置を割り出す手法

隅々までミリ単位で特定可能

GPS 人工衛星から電波を受信してデバイスの位置を特定する手法

隣の部屋まで測位ズレが出る

GPSはおおよその測位にしかならず、VPSの方がXRにおいては精度が高い

> **Point**
> - XRでは現実の環境を仮想空間上に正確に表現する描画能力が重要
> - 描画能力を高めるために、ユーザーの現在位置の取得技術が欠かせない
> - 位置特定技術ではGPSが有名だが、VPSの方が精度が高い

5-2 　　　　　　　　　　　　　　　　　3Dスキャニング、点群データ

》 立体構造をデータ化する技術

XRにおいて立体構造が重要な理由

　仮想空間上でオブジェクトを正確に描画するためには、オブジェクトの立体構造をデータとしてコンピュータに認識させなければなりません。仮想空間とは空間のため、ディスプレイ上では2次元平面的に見えたとしても、縦・横・奥行き（X軸、Y軸、Z軸）のある3次元的な構造である必要があります。

　そこで、立体構造をデータ化するために、**3Dスキャニング**技術が利用されます。3Dスキャニングは、大まかに分けると**接触式スキャナーと非接触式スキャナーの2種類**です（図5-3）。

　接触式スキャナーは、物体に直接触れるプローブを使って表面の座標を測定する技術です。非接触式スキャナーは、物体に触れずにその形状をデジタル化する技術で、光やレーザーを使用する方法が一般的です。

　しかし、これらのスキャナーで取得したデータは複雑すぎてコンピュータには理解することができません。そこで、**点群データ**（Point Cloud）へ変換する必要が出てきます。

点群データで立体構造を表現する

　点群データとは、多数の点の集まりで構成されるデータ形式です。図5-4は、株式会社アルモニコスが公開している点群データから3Dモデルが生成されるイメージ図です。各点には、空間内の特定のXYZ座標が割りあてられており、これによって物体の3次元的な形状が表現されます。

　スキャナーで物体をスキャンすると、レーザー光線などを使用して図の左側のように表面を無数の小さな点として捉えていきます。コンピュータはこれらの点を総合して図の右側のように精密な3Dモデルを作成するのです。

図5-3　立体構造をデータ化する2つの技術の特徴とデメリット

接触式スキャナー

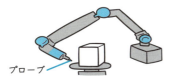

プローブ

- 物体表面に直接プローブを接触させて座標を取得するため高い精度が得られる
- プローブが物体の凹凸に追従するため、複雑な形状の物体もスキャンできる
- プローブのサイズが小さいため、小型の物体のスキャニングに適している

- ✗ 1点ずつ計測するためスキャンに時間がかかる
- ✗ 手動でプローブを動かす必要があり、自動化が難しい

非接触式スキャナー

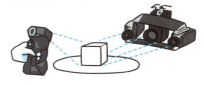

- レーザーなどの光を使うため、瞬時にデータを取得できる
- ロボットアームなどで自動スキャンができる
- 物体に触れずにスキャンできる

- ✗ 光を使うため、光沢のある物体は難しい場合がある
- ✗ 精度が接触式に劣る場合がある

図5-4　点群データから3Dモデルが生成されるイメージ図

点群データ　　　　　3Dモデル

各点が物体の表面上の特定の位置を示し、これらの点を集めて3次元的な形状を作り出す

出典：株式会社アルモニコス「点群をモデル化することのメリット」
（URL：https://www.armonicos.co.jp/cp_blog/17/）

Point

- 仮想空間は現実空間と同じ3次元的な構造を持つ必要がある
- 3Dスキャニングによって物体のデータを収集する
- 物体を点群データとして表現することでコンピュータが理解できる

5-3 フォービエイテッドレンダリング

》 視線に合わせて最適化する技術

ユーザーの視点を追跡するアイトラッキング

仮想空間内でオブジェクトを描画するには、非常に多くのコンピュータリソースを消費します。そこで重要なのが、**アイトラッキング**です。アイトラッキングとは、目（eye）を追跡（tracking）する技術のことです。例えば、ユーザーが直接見ているエリア、つまり視線が集中している箇所を正確に追跡することができます。

レンダリングを最適化する必要性

XRにおいてレンダリングの精度が重要なことは解説してきました。しかし、レンダリングはデバイスに非常に高い負荷をかけてしまうため、XR体験中に映像がカクカクしたり、極端に解像度が低くなる部分が出てきたりしてしまうものです（図5-5）。そのため、レンダリングにかかる負荷を全体的に低下させる必要が出てきます。

そこで重要なのが、**フォービエイテッドレンダリング**というアイトラッキングを応用した技術です。

レンダリングの負荷を下げる技術

フォービエイテッドレンダリングでは、人間の視覚的な特性を利用して**視線が集中している領域を高解像度で、視線から外れた周辺部分を低解像度でレンダリング**します。人間の眼は中心部分である、フォービアと呼ばれる小さな領域が非常に高い解像度の視覚を持っており、眼の周辺部になると解像度が急激に低下します（図5-6）。

この特性を利用して、視線の集中している中心部分だけを精密にレンダリングし、その他の部分は粗くレンダリングします。そうすることで、デバイスは必要な情報処理を効率的に行えるため、エネルギー消費を減らしてデバイスの動作を上げることができるのです。

90

| 図5-5 | レンダリング精度がデバイスに与える影響 |

VRで見えている映像

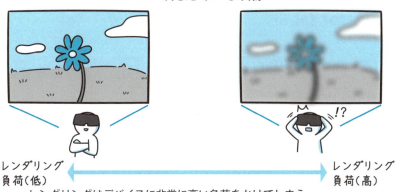

レンダリング負荷（低） ⇔ レンダリング負荷（高）

・レンダリングはデバイスに非常に高い負荷をかけてしまう
・映像を映し出すスピードが遅くなったり、解像度が低くなったりしてしまう

| 図5-6 | フォービエイテッドレンダリングのしくみ |

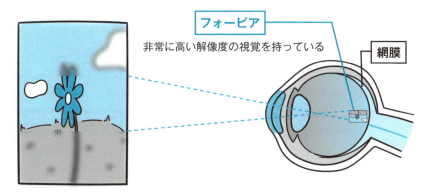

フォービア — 非常に高い解像度の視覚を持っている
網膜

視線の集中している中心部分だけを精密に、その他の部分は粗くレンダリングする

Point

- アイトラッキングで人間の視線を追跡できる
- レンダリングは非常に負荷が高いので最適化する必要がある
- フォービエイテッドレンダリングで一部分を集中的にレンダリングすることで処理速度を向上できる

5-4 Depth Scanning、SLAM

>> 周囲の状況を立体的に捉える技術

XR体験における「周囲の状況」とは?

人は普段生活しているとき、3次元的な環境を自然に認識していますが、コンピュータが理解するには多くの情報が必要となります。

例えば、周囲の物体や環境の形状、サイズ、位置関係などの幾何学的情報です。また、現在の位置を示す座標の情報や光と影、物体の表面や材質などの物理学的情報もあります。さらに、時間経過による物体の動きを表す動的情報も必要です。

3次元空間の奥行きを計測するDepth Scanning

仮想空間を構築するうえで必要な3次元的情報の一つである奥行きを計測するために使われるのが、Depth Scanningです。「Depth」とは日本語で「深度」の意味で、ここでは「奥行き」と捉えています。

Depth Scanningには主に、ToF（Time of Flight）、Structured light、LiDAR（Light Detection And Ranging）の3種類があります（図5-7）。ToFはレーザー光を使い、Structured lightは特定パターンの光の波長のひずみを検出します。LiDARはToFの原理を応用しており、複数のレーザーを用いて環境をスキャンします。

位置情報の取得と同時にマッピングを行うSLAM

位置情報を得ることも、周囲を3次元的に認識するうえで必要です。その際に使われるのが、SLAM（Simultaneous Localization and Mapping）です（図5-8）。これは、瞬時に位置情報を特定しながら同時に地図情報を作成できます。地図アプリケーションなどは基本的に事前に蓄積された地図データをもとにマッピングします。しかし、SLAMは未知の環境でもリアルタイムでその場所を認識し、地図を作成できるため、今後あらゆる分野での活用が期待されている技術です。

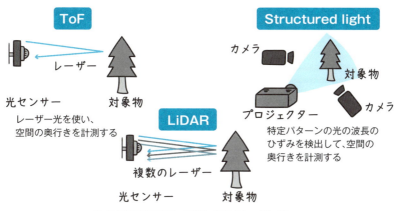

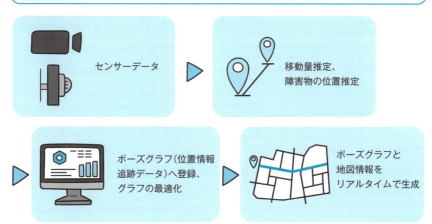

Point

- 周囲の環境には幾何学的情報だけでなくさまざまな情報が含まれている
- 奥行き（＝深度）を計測するために利用される技術がDepth Scanning
- 位置情報の取得と同時に地図情報も構築できる技術がSLAM

5-5 .... タイムワープ処理

》 描画のひずみを補正する技術

目の前の画面と身体の動きを同期させる

　ゴーグルを使ったXR体験をより没入感の高いものにするためには、実際の身体の動きと目の前に表示される画面の誤差をなくす必要があります。現実世界で首を上下に振ると視界も合わせて動くのと同じように、**ゴーグルに表示させる画面と首の動きをできる限り同期させること**で自然な体験の実現につながります（図5-9）。

　もし、動きに対して画面表示が遅れると、ユーザーは違和感を抱いたり、VR酔いを起こすかもしれません。その対策として**タイムワープ処理**と呼ばれる、描写のひずみを補正する技術が活用されています。

タイムワープ処理のしくみ

　2024年では、高性能なゴーグルだと1秒間に90回の描写（90fps）を行います。テレビの映像や動画の場合、1秒間に24回の描写（24fps）が一般的なため、処理にかかる負荷の大きさがわかるでしょう。そのため、機器内での処理が間に合わないことも起こりやすいです。

　そこでタイムワープ処理によって、**画面内容はそのままにしつつ、頭が動いた分だけの表示を行う**という方法で対策します（図5-10）。すると、**描写処理が間に合わなくとも、自然に画面全体が追随してくる**ように見せることができるのです。

VR酔いを防止し、没入感を高める

　タイムワープ処理によって表示される画面は更新されていないため、大きく身体を動かすと左右の景色が真っ黒になることがあります。これは一見欠点にも見えますが、人間は視界の端の光景より、目の前に映るものの方が重要だと認識するため、目の前の画面と身体の動きが一致しないことで発生する**VR酔いの防止**につながっているといえます。

| 図5-9 | デバイスの画面と身体の動きを同期させることの重要性 |

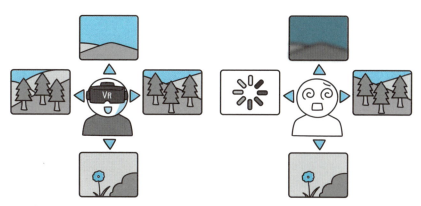

頭部の動きに対して画面表示が遅れると違和感やVR酔いの原因になる

| 図5-10 | タイムワープ処理で処理にかかる負荷を軽減 |

正面を向いているとき　　　　　　　右を向いたとき

 ▷

頭の動きに合わせて画面の一部が移動することで自然に画面全体が追随してくる

Point

- XRでは目の前の画像と身体の動きをできる限り同期させる必要がある
- タイムワープ処理によって負荷のかかる画像処理を最小限にとどめることができる
- VR酔いを防止しつつ、没入感の高い体験を提供することにつながる

5-6 · VRS

≫ 注目点以外の描画を削減する

スムーズな描画をかなえるVRS

VRS（Variable Rate Shading）は、**画面上の領域ごとに異なるシェーディング（陰影づけ）の品質を設定できる機能**です。この機能を使うと、重要な部分は高品質に、重要ではない部分は低品質にすることができます。

これにより、全体的なグラフィックス処理にかかる計算コストを削減し、スムーズな描画を実現することができます。

VRSのしくみ

通常、3Dグラフィックスでは、画面上の各ピクセルに対して陰影づけの計算が行われます。しかし、VRSを使うと画面上の一部の領域をまとめて扱うことができます（図5-11）。例えば、16ピクセル分の領域を1ピクセル分として扱えば、その領域の陰影づけ計算は1/16で済みます。

このように、重要ではない領域で陰影づけの計算を省略することで、処理を軽くできるのです。

VRSの2つのレベル

VRSには、Tier1とTier2の2つのレベルがあります（図5-12）。Tier1では、**シーン内のオブジェクト単位で陰影づけの品質を変更**できます。一方のTier2では、**さらに細かく陰影づけの品質を制御**できます。例えば、影のつく暗い場所では、より品質を下げて処理を軽くすることができます。

このように、VRSを使うことで重要な場所は精細に、重要ではない場所は処理能力を節約して描画できるため、3Dグラフィックス全体のパフォーマンスが向上します。

図 5-11 オブジェクトに対してのシェーディングレートを決定（VRS Tier1）

通常の場合　　　　　　　　VRS の場合

ピクセル

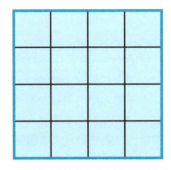

＝各ピクセルごとに処理する　　　＝16個のピクセルを1回で処理する

図 5-12　VRSの2つのレベル

Tier1の場合

オブジェクトBは遠くてあまり
目につかない部分のため低品質

オブジェクトAは手前で
目につく部分のため高品質

**オブジェクトごとに陰影づけの
品質を決める**

Tier2の場合

影がかかりコントラストが浅い
ピクセルは品質を部分的に下げる

・画面上の特定の座標や領域ごとに
　陰影づけの品質を決める。
・Tier1 よりも細かく設定ができる

Point

- VRSは複雑な3Dグラフィックスでも、見た目上の劣化を最小限に抑えつつスムーズな描画を実現できる
- ピクセルごとの陰影づけの計算をまとめることで負荷を下げている
- VRSには2つのレベルがあり、Tier1ではオブジェクト単位で、Tier2ではより細かい範囲で、陰影の品質を変更できる

第5章　注目点以外の描画を削減する

5-7 インスタンシングステレオレンダリング

》 ステレオ描画を高速化する技術

左右の各映像から奥行きを感じさせる

左右でわずかに異なる視点から2つの映像をレンダリングすると、立体視効果によって人間の脳は奥行きがあると錯覚します。この錯覚を利用して映像をレンダリングすることを、ステレオレンダリングといいます。この技術では、**左右合わせて2回描画する**必要があります。

同じものを効率的に複数回描画する

インスタンシングは、同じモデルやオブジェクトを複数回描画する際に効率的な手法です。通常、同じオブジェクトを何度も描画する場合は独立して描画する必要がありますが、インスタンシングでは**1度の描画コールで複数の同じオブジェクトを描画**できます（図5-13）。

描画には複数の情報が必要になるため、同じオブジェクトを何度も描画する場合、同じ情報と異なる情報の両方を複数のオブジェクトで持つことになります。そこで、**同じ情報を1つにまとめ、各オブジェクトの異なる部分を設定し描画を行う**ことで、1度のドローコール（画面に描画する際に呼び出す命令のこと）で済むようになっています。

例えば、1,200枚のマップチップを描画したとき、通常は1度の描画に2.3ミリ秒（ms）ほどかかるのに対し、この技術では0.03ミリ秒（ms）まで短縮することができ、複数のオブジェクトの描画を効率的に行えます。

2つの技術の組み合わせ

VRでは、この2つの技術を組み合わせた**インスタンシングステレオレンダリング**（Instanced stereo rendering）が主に用いられます。通常は左右それぞれに対し別々のドローコールを呼び出しますが、インスタンシングステレオレンダリングでは同じオブジェクトの描画を1度のコールで行うため、ドローコールの数を半減できるのです（図5-14）。

| 図5-13 | インスタンシングの技術 |

共通情報

フォルムや色など
共通情報の適用

向きや陰影などの
異なる点、
個別情報を設定

1度の描画コール

描画時間を大きく短縮することができる

| 図5-14 | 2つのレンダリングの違い |

通常のステレオレンダリング　　インスタンシングステレオレンダリング

左　　　　右　　　　　　　　左　　　　右
1回目　　2回目　　　　　　1回目　　1回目

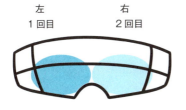 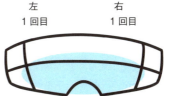

同じオブジェクトに対し、左右それぞれ片方ずつ　　同じオブジェクトに対し、左右1度の
ドローコールをする　　　　　　　　　　　　　　ドローコールで描画を行える

Point

- ステレオレンダリングとは、左右の視点から2つの映像をレンダリングし、立体視効果を生み出す技術
- インスタンシングとは、同じモデル／オブジェクトを複数回描画する際に効率的な手法
- インスタンシングステレオレンダリングは、ステレオレンダリングとインスタンシングを組み合わせた技術でドローコールの数を半減できる

5-8 · Near-Eye Light Field Display

ピント外れを解消する技術

従来のヘッドマウントディスプレイとその問題点

従来のVRは、ディスプレイまでの距離が近いためピントを合わせづらい問題がありました。そこで、この問題を解消するうえでNear-Eye Light Field Displayというディスプレイが注目されています（図5-15）。

Near-Eye Light Field Displayでは、**レンズアレイを用いて目の前に仮想ディスプレイが存在するかのように描画すること**ができます。レンズアレイとは、複数の小さなレンズを規則的に配列したものです。これを使うことで、**ディスプレイから発せられる光線を制御し、目の前に立体的な映像を作り出すこと**ができます。ユーザーの目の焦点距離に合わせて自動的にピントが合うようになり、ピント合わせの問題を解消できます。

映像を1枚のレンズで拡大するSimple Magnifier

Near-Eye Light Field Displayには、Simple MagnifierとMagnifier Arrayと呼ばれる2つの手法があります（図5-16）。

Simple Magnifierは、**1個の収束レンズを使用してディスプレイの映像を拡大する方法**です。老眼鏡と同じ原理で、レンズがピント調節に必要な屈折を補助するため、ピントズレを軽減します。しかし、レンズが1つであるため、正面から見るとピントが合いますが、少し角度がずれると見える範囲が狭くなってしまいます。

複数のレンズでどこからでもピントが合うMagnifier Array

Magnifier Arrayは、**複数のレンズを並べた構造**のため、角度がずれてもその方向のレンズから映像が映り、**どの位置からでもピントが合う**ようになっています。レンズが小さくデバイスの薄型化も可能ですが、複数のレンズを使用するため解像度が低下する可能性があります。

図5-15　Near-Eye Light Field Displayの特徴

従来のヘッドマウントディスプレイの問題点

✓ **ディスプレイ位置**
ユーザーの目の前（通常は数センチの距離）に位置しているため、ピントを合わせにくい環境を作り出す

✓ **焦点の固定**
ディスプレイの焦点距離が固定されているため、ユーザーの目で強制的にピントを合わせる必要がある。このピント調整に無理が生じるため、目の疲れを感じやすくなる

✓ **目の疲労**
焦点を固定された距離に長時間保つことが難しく、目の筋肉が疲労しやすくなる。結果、視覚的な不快感や頭痛などが生じる

Near-Eye Light Field Displayの特徴

✓ **レンズアレイの使用**
ディスプレイ上に小さなレンズを規則的に並べた「**レンズアレイ**」を使用しているため、光線を適切に制御できる。物理的には近距離にあるディスプレイが、ユーザーの目には遠方に仮想的なディスプレイがあるかのように見せることができる

✓ **焦点の自動調整**
レンズアレイを通じて、ディスプレイから発せられる光線が複数の角度から目に到達する。このため、対象物までの距離に応じて自然に焦点を合わせることができ、より自然な視覚体験を可能にする

✓ **ピント外れの解消**
自然にピントが合うため従来のヘッドマウントディスプレイのように焦点を固定する必要がなくなる

図5-16　Simple MagnifierとMagnifier Arrayの違い

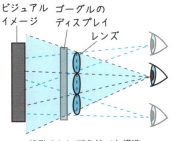

Simple Magnifier
・1個の収束レンズ
・正面からはピントが合うが角度がずれると見える範囲が狭くなる

Magnifier Array
・複数のレンズを並べた構造
・どの位置からでもピントが合う

Point

- 従来のVRヘッドセットでは、ディスプレイとの距離が近すぎてピントが合わない問題があった
- Near-Eye Light Field Displayは、レンズアレイを用いてあたかも目の前に仮想ディスプレイがあるように描画し、自動でピントを合わせられる
- Simple MagnifierとMagnifier Arrayの2つの手法があり、前者は1つのレンズで視野が狭く、後者は複数レンズで解像度が低下する可能性がある

5-9 .... HTTPライブストリーミング、MPEG-DASH

» 効率的な映像配信技術

HTTPライブストリーミングのしくみ

さまざまな体験を提供するXRには、高いレベルでの描写能力が求められます。そのような映像体験をリアルタイムで実現させるためには、効率的な映像配信技術が必要です。

現在、インターネットを通じた動画配信は頻繁に行われていますが、その根底には、**HTTPライブストリーミング**（HLS）や**MPEG-DASH**と呼ばれる技術があります。

HTTPライブストリーミングは、iPhoneなどを手掛けるApple社が独自開発した規格です（図5-17）。すでに多くのWebブラウザ上で使用されており、国内のライブ配信サービスにも活用されています。

配信する動画を秒単位に区切ったセグメントファイルを複数用意し、それらを再生する順番や時間を決めたインデックスファイルを用意することで動画配信を実施します。

特別なソフトを必要とせず、通常のWeb環境で動画が視聴できるため、幅広いシーンで使える汎用性の高い技術なのです。

MPEG-DASHの適応型ストリーミング

MPEG-DASHは、適応型ストリーミングという視聴者の通信環境に合わせて、最適な画質や解像度の動画を自動的に選択して配信する技術の国際標準規格です（図5-18）。**動画をセグメントに分割し、視聴者の通信環境に合わせて最適なビットレートの動画を選択して配信すること**ができます。

これにより、通信環境が悪い場合でも途切れにくく、高品質な動画配信が可能になります。また、MPEG-DASHはHLSと同様にHTTPプロトコルを使用しているため、**Web環境での利用**に適しています。

XRにおいても、これらの技術を活用することで、より没入感の高い映像体験を提供できると期待されています。

> 図5-17　動画配信を支えるHTTPライブストリーミングのしくみ

 動画のセグメント　　 インデックスファイルの作成　　 動画の再生

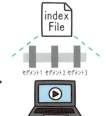

動画を秒単位に区切った
セグメントファイルを作成

セグメントファイルの
再生順序時間を決めた
インデックスファイルを
作成

インデックスファイルに
もとづいてセグメント
ファイルを順番に再生

> 図5-18　MPEG-DASHのしくみ

 適応型ストリーミング　　 XRでの活用

動画をセグメントに分割し、
異なるビットレートで用意

視聴者の通信環境に合わせて、
最適な画質や解像度の動画を
自動的に選択して配信

・通信環境情報の送信
・最適なビットレートの
　動画セグメントを選択して配信
・より没入感の高い映像体験を
　提供可能

第5章　効率的な映像配信技術

Point

- HTTPライブストリーミング、MPEG-DASHにより効率的な動画配信が実現できる
- HTTPライブストリーミングは動画配信、MPEG-DASHは適応型ストリーミングに特化
- デジタル空間でのイベント実施の活発化が期待されている

5-10 ···················· WebRTC

》 映像や音声をリアルタイムで通信する技術

リアルタイム通信を実現するWebRTC

WebRTC（Web Real-Time Communication）は、Webブラウザ間でリアルタイム通信を実現する一連のAPI（ソフトウェアやプログラムの間をつなぐインタフェース）です。これを活用することで、ビデオチャットやファイル共有などを機能の追加や拡張なしで行えます。また、Google Chromeなどの主要ブラウザでもサポートされています。

このWebRTCは、基本的に3つの役割があります（図5-19）。

1つ目は**データ共有**です。カメラやマイクなどのデバイスから、音声や映像データをダウンロードせずにストリーミングで取得して共有します。2つ目は、**通信経路の確立**です。STUNまたはTURNサーバーを使い、2つのデバイス間に最適な通信経路を確立します。3つ目は**データの暗号化**です。すべての通信データは、SRTPプロトコルを使って暗号化されるため、セキュリティが確保されています。SRTPは、RTP（Real-time Transport Protocol）を暗号化するためのプロトコルで、音声や映像データをリアルタイムで安全に送受信できます。

2つのサーバーを使った通信経路の確立

WebRTCでは、2つのサーバーを使って通信経路を確立します（図5-20）。STUNサーバーは、ネットワークアドレス変換（NAT）の背後にあるデバイスの**公開IPアドレスを取得する**ために使われます。これにより、NATの内側にあるデバイスが外部のデバイスと直接通信できます。また、このサーバーは実際のデータ転送には関与しません。

一方、TURNサーバーは、デバイス間の直接通信ができない環境下で**中継サーバーとして機能**します。例えば、両方のデバイスがセキュリティを重視したNAT方式の背後にある場合、STUNサーバーを使っても直接通信ができないことがあります。そこで、TURNサーバーが通信データを中継することで、デバイス間の通信を可能にします。

> 図5-19　WebRTCの3つの役割

> 図5-20　WebRTCにおけるSTUNサーバーとTURNサーバーの役割

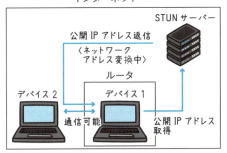

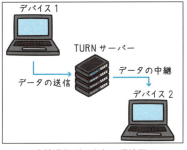

ルータ内のデバイスの公開IPアドレスを取得して、外部デバイスと直接通信できるようにする

直接通信ができない環境下で中継サーバーとして機能

Point

- WebRTCはWebブラウザ上でリアルタイム通信を実現する技術
- デバイス同士を直接つなぎ、暗号化された安全な通信経路を確保する
- WebRTCではSTUNサーバーとTURNサーバーの2つを使って通信経路を確立する

5-11 フレーム間圧縮、動き補償

映像を効率的に圧縮する技術

高いグラフィック性能を支える技術

　仮想空間をよりリアルに感じるためには、グラフィック性能の向上が欠かせません。現在、XRがここまで普及し、注目されている理由の一つとして、そうした描写能力の向上も挙げられるでしょう。

　従来の技術では迫力のある映像再現や臨場感のある空間形成は困難でした。しかし、今では片手に収まるサイズのスマートフォンでも、非常にリアルな映像を再現できます。そうした映像技術の実現には、フレーム間圧縮と動き補償という2つの技術が活用されています。

フレーム間で変化した箇所のみ記録する

　デジタル動画は、パラパラ漫画のように1コマずつの画像に分割することができます。この1コマをフレームと呼び、**高品質な動画になればなるほど1秒あたりのフレームの数が増加します。**

　そのため高いレベルのグラフィックを再現したい場合は、単純にフレーム数を増やせばいいと考えてしまうかもしれませんが、その場合は膨大なデータ容量が必要になります。

　そこで、フレーム間圧縮によって、**フレーム内で変化した部分のみを記録する方法**で効率的な描写を実現しているのです（図5-21）。

フレーム内の動きを予測し補う

　フレーム間圧縮によって動きのあった対象の動きを予測して補うために、動き補償も同時に行われます（図5-22）。これは各フレームの前後で動きの対象となる物体が、**どちらにどの程度動いたかを考えたうえでデータを圧縮する技術**です。これにより動画全体のデータ容量を効率よく圧縮できます。

| 図5-21 | フレーム間圧縮のしくみ |

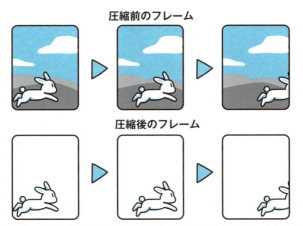

前のフレームとの違いを検出し、変化のある部分のみデータとして保持

| 図5-22 | 動き検出と動き補償 |

Point

- データ容量の重くなる高品質の動画は圧縮する必要がある
- フレーム間圧縮によってフレーム内で変化した部分のみを記録し、動き補償によってフレーム内での動きを予測してデータ容量圧縮することで、効率的な描写を実現する

5-12 .... ボイスジェネレーション、DNN、GAN

≫ 人工的な歌声を生成する技術

音声合成AIの進化

AIを使って人の声や歌声を生成する、**ボイスジェネレーション**という技術があります。この技術の中核となるのは、**ディープラーニングを応用した音声合成モデル**です。

代表的なモデルには、**DNN**（ディープニューラルネットワーク）と **GAN**（生成敵対ネットワーク）が挙げられます。DNNは**大量の音声データから自然な発音の特徴を学習**し、テキストから音声を生成します（図5-23）。一方のGANは、**2つのAIが競い合う**ことで、よりリアルな音声生成を実現します（図5-24）。

高品質で自然な音声

ボイスジェネレーションでは、自然で高品質な音声生成が求められており、リアルタイム性の確保も重要な課題です。その課題を解消するために、**高度なデータ前処理と効率的なモデル構築**が行われています。

例えば、歌声生成では、歌手の呼吸や歌詞のリズムなど、音声以外の情報もモデルに取り込むことで、より自然な歌声を実現しています。

また、ボイスジェネレーションは、XR体験を豊かにする役割も担っています。

例えば、VRゲームや教育アプリケーションにおいて、キャラクターの声がより自然で感情豊かになれば、ユーザーの没入感が高まります。ARではリアルタイムでより人間の発話に近い音声ガイドを実現します。またMRでは、デジタルアシスタントがユーザーの指示に対して自然な音声で応答することで、対話型の操作が可能になります。

これにより、ユーザーはより直感的にシステムと対話でき、操作性の向上につながります。

> 図 5-23　DNN（ディープニューラルネットワーク）のしくみ

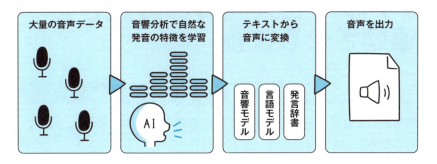

ディープラーニングを応用して、学習した音声データからリアルな音声を生成できる

> 図 5-24　GAN（生成敵対ネットワーク）のしくみ

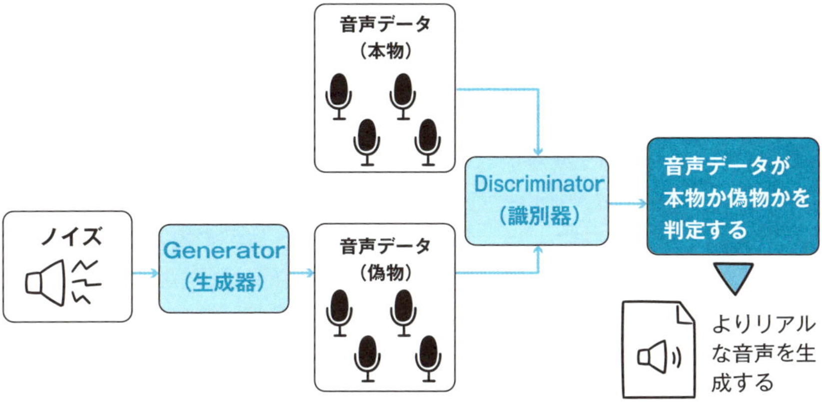

GeneratorとDiscriminatorの2つのAIが競い合うことで、高品質な音声が生成できる

Point

- DNNやGANなどのAIモデルで人間の声や歌声を人工的に生成できる
- DNNは大量の音声データから自然な発音の特徴を学習し、テキストから音声を生成する
- GANは2つのAIが競い合うことで音声を生成する
- 高度な前処理と効率的なモデル構築により、高品質で自然な音声生成を実現

5-13 アバターリップシンク

≫ アバターと人間の口の動きを連動させる技術

身体と口の動きを連動させた会話を実現

仮想空間で自分自身を表現するために重要となるアバターは、現実世界の自分を映し出す存在のため、実際の身体の動きとリアルタイムで連動することが求められます。

手足などの動きは複数台のカメラを使用したモーションキャプチャによって再現することができます。これは、すでに幅広い分野で活用が進められています。

しかし、仮想空間でのコミュニケーションを行うためには、会話時に発声する口の動きを再現しなければいけません。そのときに活用される技術が、**アバターリップシンク**です。

口の細かい動きを調整できる

アバターリップシンクとは、**アバターの口元を動かす技術**です。アバターを通じて会話を行う際、声が聞こえていても口元が動いていなければ不自然に感じられるでしょう。そうした問題を解決し、よりリアルなコミュニケーションを実現できる技術です（図5-25）。

しくみとしては、まずマイクが音声を認識し、その内容に合わせてアバターの口を動かします。このときに音声の大きさや口の開き、動きの滑らかさ、口が開閉する速度などの細かな調整も行います。すると、**本物の人間が話しているかのような口の動きをリアルタイムで再現**できるのです。

また、リップシンクは現在、音声情報からの連動だけではなく、**テキストデータの読み上げ**にも対応しています（図5-26）。

人間が声に出すことなく、リアルな会話時の表情を再現できるため、ナレーションなど幅広い分野での活用が期待されています。

110

> 図 5-25　アバターリップシンクにより人間と同じ口の動きをするアバター

音声をマイクで収集　　　収集した音声をデータ化

音量	音素	タイミング
口の開き具合	口の形状	口の動く速度

音声を3つの要素に分解　　　分析された音声データをもとにアバターの口の動きを生成

> 図 5-26　テキストデータにも対応

テキストデータを入力する　　　テキストを読み上げる専用のエンジンがデータを音声に変換

アバターに音声データが反映されて、テキストが読み上げられる

Point

- 口の動きを連動させる技術がアバターリップシンク
- 口の動きをリアルに再現することでアバターを通した円滑なコミュニケーションが実現する
- 音声だけではなくテキストデータにも対応できる

5-14 .... アバターフェイスアニメーション

》 アバターの表情を生成する技術

表情や感情表現ができるアバター

アバターのモデルを作った最初の段階では表情が1種類のみのため、感情を他者にうまく伝えることができません。そこで、フェイスアニメーションによって、3Dアバターの表情を変化させてコミュニケーション手段の幅を広げることができ、高い没入感を実現できます。

AIとCGで生成されるアバター表現

アバターフェイスアニメーションは、AIを使ってアバターの表情や口の動きをリアルタイムに生成する技術です。この技術の中核となるのが、**顔認識と表情推定**です。

アバターの表情アニメーションを生成するには、まず人間の顔と表情を認識する必要があり、この作業をAIが行います。

カメラで人間の顔を捉えると、**AIは顔の特徴的な部分**（目、鼻、口など）**の位置**を特定します。これが顔認識と呼ばれる技術です（図5-27）。

次に、認識した顔の特徴から、喜びや悲しみ、驚きなどの表情を判別します。この表情推定では、AIが人間の表情の変化をリアルタイムで追跡しています。表情データが得られると、今度はアバターの3Dモデルにその表情を反映させていきます。アバターの顔には**多数のボーン（骨）が設定**されており、これらを動かすことでさまざまな表情を作り出します。

さらに、あらかじめ作られた基本的な表情モデルを組み合わせる、ブレンドシェイプと呼ばれる手法を使うと、**滑らかな表情の移り変わりを実現**できます（図5-28）。

このようにして、人間の表情をリアルタイムでアバターに反映することが可能になります。

| 図5-27 | 人間の顔の特徴をAIが捉える顔認識 |

カメラで人間の顔を取り込む

AIが顔の特徴点（目、鼻、口など）を検出

検出した特徴点の配置パターンから顔を認識

| 図5-28 | 顔認識技術のデータから人間の表情を判別してアバターに反映させる |

認識した顔の特徴点の動きを追跡

リアルタイムで表情を推定

目→ぱっちり開いている
口→口角が上がっている
特徴点の動きパターンから感情を判別

ブレンドシェイプで表情を滑らかに変化

アバターのボーンが動き、表情が反映

Point

- アバターフェイスアニメーションは、AIを使ってアバターの表情や口の動きをリアルタイムに生成する技術
- 顔認識と表情推定によって顔の特徴点を検出し、感情を推定してアバターに投影する
- ブレンドシェイプを用いて滑らかな表情変化を実現できる

第5章 アバターの表情を生成する技術

5-15　　　　　　　　　　　　　　　　　　　　　　クロマキー合成

≫ 仮想の背景やキャラクターを 出現させる合成と配信

背景を自由に描き出す技術

　映画やドラマの撮影時、俳優が緑一色の背景の中で演技をする映像を見たことがあるかもしれません。このグリーンバックと呼ばれる背景は、現在の映像制作には欠かせない存在です。映像の編集時にグリーンバックに対してデジタル処理を施し、演出者が望む背景を自由に描き出せる技術です。そのため現実世界と仮想空間を融合させるXRにおいても、この背景処理技術は大きな役割を果たします。

非現実的な空間を手軽に創造する

　グリーンバックを使用し、背景を自由に生み出す技術を**クロマキー合成**と呼びます。この技術は映像作品だけではなく、テレビ番組やイベント配信といった幅広い動画コンテンツで活用されています。

　クロマキー合成では、**映像の中に存在する特定の色（グリーンバックの緑）のみを取り除き、背景と全面の物体を切り離すこと**が可能です。そのため非現実的な空間の創造、会場費用や移動時間の削減といったさまざまなメリットが生まれます（図5-29）。

リアルタイムの合成と配信が可能

　クロマキー合成は、XRコンテンツにおいても現実世界と仮想空間をリアルタイムに合成するときに活躍します。図5-30は、TBSテレビが公開した「XRステージ・東京」の様子です。左が実際のスタジオ映像で、右がテレビ映像です。クロマキー合成を用いることで、実写映像とCGを組み合わせ、リアルタイムでバーチャル映像を放映することができます。

　このように、スタジオでのニュース番組制作、大規模なイベント会場のシミュレーション、さらには観光地や歴史的建造物の再現と体験提供など、多様な場面でクロマキー合成を活用することができます。

| 図5-29 | クロマキー合成であらゆる背景を映し出せる |

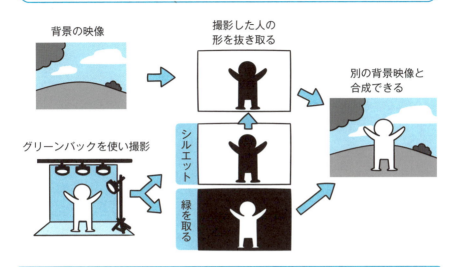

| 図5-30 | クロマキー合成のXRコンテンツ利用 |

合成前

合成後

クロマキー合成技術を用いて、現実世界と仮想空間をリアルタイムで合成

出典：株式会社TBSホールディングス「現実と仮想空間の融合！「XR」を活用した新たな映像表現への挑戦」
（URL：https://innovation.tbs.co.jp/neo_report/163/）

Point

- グリーンバックを活用した背景描写技術がある
- クロマキー合成は特定の色を取り除いて、背景と全面の物体を切り離すことにより自由に別の背景での映像を生み出せる技術。
- さまざまなモノとの合成ができ、幅広い映像体験をXRユーザーへ提供できる

Wi-Fi6、Wi-Fi7

超高速・大容量通信がもたらすグラフィックの進化

第六世代の「Wi-Fi6」

　XRでは、タイムラグの発生や描画能力の劣化を防ぎ、膨大なファイル容量をスムーズに通信できる超高速・大容量の通信環境が必要です。

　そこで注目されているのが、まず**Wi-Fi6**です。第1世代のWi-Fiから数えて6番目に登場しました。従来の規格よりも高速な通信環境の実現や回線混雑への耐久性といった、現代のデータ通信に適した性能を持っています。Wi-Fi6は、MU-MIMO（Multi-User Multiple-Input Multiple-Output）技術を採用しており、**複数のデバイスへの同時通信や混雑した環境での安定した通信**が可能になります（図5-31）。また、OFDMA（Orthogonal Frequency Division Multiple Access）技術を使用することで、**限られた周波数帯域を効率的に利用**し、より多くのデバイスを同時に接続できます。

　セキュリティ面では、WPA3（Wi-Fi Protected Access 3）が導入され、**パスワードの安全性が強化**されました。また、ブルートフォース攻撃に対する耐性が高く、より安全なデータ通信を実現します。

2024年に登場した「Wi-Fi7」

　また、Wi-Fi6の次の規格である**Wi-Fi7**は、**Wi-Fi6の約4倍**もの通信性能を持ちます。Wi-Fi7は、320MHz帯域幅を使用し、**最大で46Gbpsのデータ転送速度**を実現します（図5-32）。これは、8K動画のストリーミングや大容量ファイルの転送を瞬時に行える速度です。

　また、Wi-Fi7ではMLO（Multi-Link Operation）技術が導入されます。MLOは、**複数の周波数帯域を同時に使用する**ため、混雑した環境でもスムーズなデータ通信が可能になります。

　セキュリティ面でも強化が図られ、WPA4の導入が予定されています。WPA4は、**量子コンピュータによる攻撃にも耐性がある**といわれており、将来を見据えた安全性の高い通信環境を提供してくれます。

図5-31　Wi-Fi6を支える技術

Wi-Fi6

MU-MIMO
・複数のデバイスとの同時通信ができる
・混雑した環境でも安定した通信が可能

OFDMA
限られた周波数帯域を効率的に利用して、より多くのデバイスを同時に接続できる

WPA3
パスワードの安全性が強化され、より安全なデータ通信を実現できる

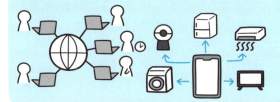

図5-32　さらに高速な通信をかなえるWi-Fi7

Wi-Fi7

320MHz 帯域幅
最大で46Gbpsのデータ転送速度を実現できる

8K動画のストリーミング

大容量ファイルの転送

MLO
複数の周波数帯域を同時に使用することで、より安定した通信を実現できる

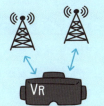

WPA4
量子コンピュータによる攻撃にも耐性があるといわれ、将来を見据えた安全性の高い通信環境を提供

Point
- 大容量のデータ通信には高性能な通信環境が必須となる
- Wi-Fi6は現代のデータ通信に適した性能を持つ
- 2024年に登場したWi-Fi7ではさらなる高速通信が実現する

5-17 .... 3次元音声処理技術、オーディオレイトレーシング

» リアルな仮想音響を実現する技術

音源の位置や移動をリアルに表現する

XRでリアルな体験をするためには、音響も重要です。映画館で体感できるような立体的な音響を実現するために、XRでは**3次元音声処理技術**と**オーディオレイトレーシング**の2つの技術が用いられます。

3次元音声処理技術には、主に2つの方法が使われます。

1つ目は、バイノーラル録音です。これは、人間の頭の形をしたマイクを使って、左右の耳の位置で音を録音する方法です。これにより、**音がどの方向から来ているか**という情報を含んだ音声を記録できます。

2つ目は、HRTF（Head-Related Transfer Function）です。音が人間の頭や耳の形によってどのように変化するかを数学的に表したものです。HRTFを使うことで、**音源からの距離や角度に応じて、左右の耳に届く音の大きさや時間差を調整**し、立体的な音を再現できます。

さらに、ヘッドトラッキングを使うと、**頭の動きに合わせてリアルタイムに音の位置を変化させる**ことができます。すると、まるでその場にいるかのような臨場感のある音響体験が可能になります（図5-33）。

物理現象をシミュレーションする

さらに、現実的な音響を再現する技術にオーディオレイトレーシングがあります。これは、音が発生してから音波が耳に届くまでの過程を物理法則にもとづいてシミュレーションする技術です（図5-34）。

シミュレーションでは、音波の伝搬経路を追跡するために、レイ（光線）を使います。**音源から出た多数のレイが、空間内を進みながら物体にあたって反射を繰り返す様子を計算します。** 計算には、3Dモデルやマテリアルデータといった、音源の位置や物体の材質、形状などの情報を使います。また、空間の大きさや形状も考慮します。

こうしてレイが耳に到達するまでの過程をたどることで、**複雑な音の反射や回折、空間での響きなどを再現して立体音響を実現できる**のです。

図5-33	3次元音声処理技術のしくみ

バイノーラル録音

人間の頭の形をしたマイクを使い、左右の耳の位置で音を録音する方法

HRTF

音が人間の頭や耳の形によってどのように変化するかを数学的に表したもの

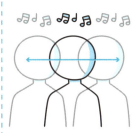

ヘッドトラッキング

頭の動きに合わせてリアルタイムに音の位置を変化させる

図5-34	オーディオレイトレーシングのしくみ

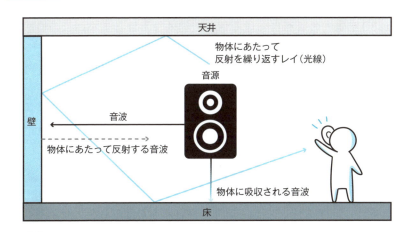

Point

- リアルな体験を提供するためには音響も重要な要素
- 3次元音声処理技術は、バイノーラル録音、HRTF、ヘッドトラッキングを用いて、音源の位置や移動をリアルに再現している
- オーディオレイトレーシングは、音の発生から音波が耳に届くまでの過程を物理法則にもとづいてシミュレーションしている

2Dデータから3Dデータを自動生成

5-18 .... NeRF、Gaussian Splatting

フォトグラメトリの課題と進化

これまで仮想の物体を現実世界や仮想空間へ表示するために、フォトグラメトリという技術が使われてきました。これは表示したい物体をさまざまな角度から撮影して、そのデジタル画像を解析、統合することで3Dモデルを作成する方法です。しかし、この方法では**輪郭を持たない物体**（空や雲など）**や遠くに存在するもの、水や氷などの透明な物体を再現できない**問題がありました。

そこで登場した技術が、**NeRF**（Neural Radiance Fields）です（図5-35）。AIの一種であるニューラルネットワークを活用して3Dモデルを作成します。具体的には、多数の2D画像をもとに、ニューラルネットワークが3D空間内の各点における色と透明度を学習します。この情報を用いることで、任意の視点から3Dモデルを生成できるようになります。

フォトグラメトリとの大きな違いは、NeRFでは**ニューラルネットワークが3D空間の情報を学習して3Dモデルを作成する**という点です。これにより、フォトグラメトリでは再現が難しかった対象も、より自然に表現することが可能になります。

現実世界と見間違えるほどの映像描写

高性能なNeRFですが、データ処理に膨大な時間を要するという課題がありました。この課題を解決しつつ、高速な画像処理を実現した技術が、**Gaussian Splatting**（ガウス・スプラッティング）です（図5-36）。

これは、**2D画像内の各ピクセルを3D空間上の点**として扱い、深度情報を用いて点を3D空間上に配置します。そして、各点にガウス関数（釣鐘型の曲線で表される関数）を適用することで、点の周囲にスプラットという形状を生成し、**スプラットを合成して滑らかな3Dモデルを構築します**。この技術により、高い透明性や光の反射、視認する角度が再現された3Dモデルが作成でき、よりリアルな映像描写が可能となりました。

図5-35	**NeRFのしくみ**

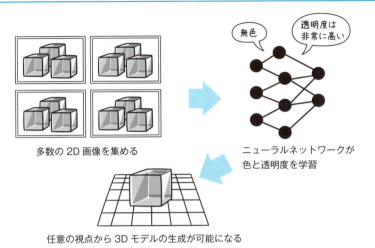

図5-36	**2Dデータから3Dデータを自動生成**

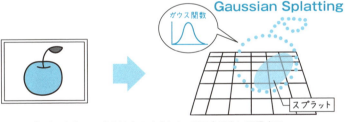

> **Point**
> - フォトグラメトリによる3Dモデルの作成では、表現の幅に限界があった
> - フォトグラメトリからNeRF、Gaussian Splattingへと技術は進化してきた
> - Gaussian Splattingによって今までよりも現実に近い映像描写が実現する

5-19 ··········· EEG、PET、NIRS

》 脳波を利用したインタフェース

「脳」から直感的な操作を実現

コントローラーなどの機器を使わず、脳からの直接信号によってあらゆる操作を行える、SF映画のような技術が実現しようとしています。現代ではすでに、**脳の神経細胞が発する電気信号を増幅器で広げて**、紙などに頭の中で考えた事柄を書き記すことが可能です。**EEG**（Electro Encephalo Graphy）と呼ばれるこの技術は、頭皮に配置した電極を通じて**電位差から脳波を測っています**（図5-37）。

ブドウ糖の働きから脳の動きを読み取る

脳が活動するためにはブドウ糖が必要です。そのため、脳の神経が働いた箇所はブドウ糖が集中し、機能が低下するとブドウ糖の消費量も落ち込みます。**PET**（Positron Emission Tomography）技術では、こうした**ブドウ糖の動きから脳の働きを読み取ること**ができます（図5-38）。

この技術はてんかんといった脳を原因とする病気の解明に役立てられるなど、高いレベルで脳の働きを読み取ることができるのです。

大脳皮質の働きを確認する

脳の働きを確認する手段には、**NIRS**（Near-infrared Spectroscopy）もあります（図5-39）。これは光トポグラフィを使い、**弱い近赤外光によって大脳皮質部分の計測を画像として表示**します。光トポグラフィとは、近赤外光を使い、脳活動に伴う**血流変化を計測する技術**です。頭皮上から照射された近赤外光は、大脳皮質の血流変化に応じて吸収や散乱が変化するため、その変化を捉えることで脳活動を可視化できます。

大脳皮質は人間の理性的な機能である言語、記憶、注意といった行動に関係します。こうした**脳波測定技術を応用することで、直感的なXR操作が実現する**と期待が寄せられています。

| 図 5-37 | **神経細胞が発する電気信号を用いるEEG** |

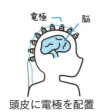

| 図 5-38 | **ブドウ糖の働きで脳波を測るPET** |

| 図 5-39 | **光トポグラフィを用いたNIRS** |

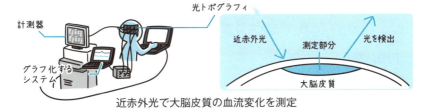

Point

- 脳波を読み取るEEGやPET、NIRSといった技術が存在している
- 電気信号、ブドウ糖の働き、大脳皮質の血流変化などさまざまな要素から脳波が測定できる
- 従来の機器を必要としない直感的な操作の実現が期待される

やってみよう

3Dモデルをディスプレイに表示するまでの
一連の処理を考えてみよう

　3Dモデルをディスプレイ表示させるためには、複数の技術を組み合わせる必要があります。ここではヒントを参考に各階層で使われる技術を書き出しながら、表示させるまでの一連の流れを考えてみましょう。

①周囲の環境をデジタル化する技術
　　ヒント：現実世界の立体構造を取得して3Dデータ化する技術や、現実
　　　　　　の映像から位置を特定する技術などが挙げられます。
②3Dモデルを生成する技術
　　ヒント：手作業で作成する方法もありますが、2Dデータから3Dデータ
　　　　　　を自動生成する技術もあります。
③3Dモデルを効率的に処理する技術
　　ヒント：左右の眼用のジオメトリを効率的に生成したり、注目点以外の
　　　　　　描画を削減したりする技術があります。
④映像や音響などを高品質に表現する技術
　　ヒント：描画のひずみを補正したり、視線に合わせて描画を最適化した
　　　　　　りする技術があります。また、ピント外れを解消する技術やリ
　　　　　　アルな音響を生成する技術も重要です。

①技術名	
②技術名	
③技術名	
④技術名	

答え ① Depth Scanning, SLAM, 点群データ (Point Cloud)、VPS ② 3Dモデリング、Gaussian Splatting ③ インスタンシング、フォービエイテッドレンダリング、VRS、マルチビューレンダリング ④ マルチビューレンダリング、フォービエイテッドレンダリング、ディストーション補正、Near-Eye Light Field Display、タイムワープ処理、3次元音響処理、チューナブルレンズ、レイトレーシング

第**6**章

XR技術をより深く理解する

～根底にある3Dグラフィックス～

グラフィックボード

高精細な3次元描画を実現する技術

3D技術の再現に必要となるGPU

　3D空間を再現するには、オブジェクトの形状、位置、色、光の反射や屈折、影の表現など複雑な計算処理が必要です。そこで活躍するのがGPUです。GPUは**3Dグラフィックスの描画に特化した処理装置として、大量の並列計算を高速に実行できます**。CPUとは異なる独自のアーキテクチャを採用し、多数の演算ユニットを搭載しています。

　これにより、3Dモデルのジオメトリ変換や光のあたり方の計算、テクスチャマッピングなどの処理を効率的に行うこともできます。

　また、GPUは専用のメモリを搭載しており、3Dモデルの情報を高速に取り扱うことができるため、大容量の3Dデータをスムーズに処理し、高品質な映像をリアルタイムに生成できます。

グラフィックボードとGPUによる3D映像処理

　GPUは、**グラフィックボード**と呼ばれる拡張カードに搭載されています。グラフィックボードには、GPUの他にもビデオメモリ（VRAM）や冷却ファン、各種インタフェースが備わっており、PCのマザーボードと接続して使われます（図6-1）。

　3Dモデルの映像処理は、まず3DモデルのデータがGPUに送られることから始まります（図6-2）。GPUは3Dモデルのジオメトリを変換し、ポリゴンの頂点の位置を計算します（頂点シェーダー）。次に、ポリゴンの面を塗りつぶし、テクスチャを貼りつけます（ピクセルシェーダー）。さらに、ライティングや影の計算、反射や屈折の表現など、さまざまなエフェクトを適用します（シェーダープログラム）。そして、レンダリングされた画像がディスプレイに表示されるという流れです。

　GPUは、これらの処理を高速かつ並列に実行することで、滑らかな3D映像をリアルタイムに生み出すことができます。高品質の3D映像が求められるXRをさらに向上させる、必要不可欠な技術の一つといえるでしょう。

図6-1　グラフィックボードとGPU

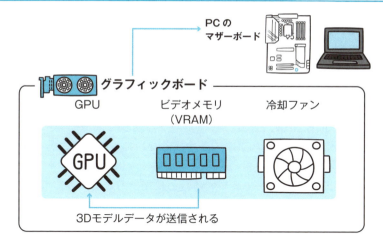

図6-2　GPUによる3D映像処理の流れ

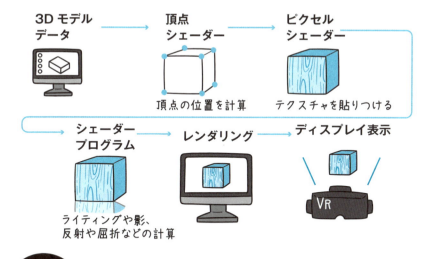

Point

- GPUは3Dグラフィックスの描画に特化した処理装置で、大量の並列計算を高速に実行できる
- グラフィックボードに搭載されたGPUが、3Dモデルのデータを処理し、高品質な3D映像をリアルタイムに生成する

6-2 .... ジオメトリ、ポリゴン、ラスタライズ、シェーディング

》 3Dモデルの構造

XR技術を支える3D技術の重要性

XR技術と3D技術は、骨格と筋肉のように密接な関係を持っています。仮想空間が現実世界と違和感なく融合するためには、現実世界の形状や質感を忠実に再現する3D技術の存在が不可欠です（図6-3）。そこで、あらゆるモノを3Dモデルとして表現するために用いられるのが、**ジオメトリ**、**ポリゴン**、**ラスタライズ**、**シェーディング**の4つの3D技術です。

3D技術の基本要素

XR技術を支える4つの3D技術には、次のような役割があります（図6-4）。

- ジオメトリ：3D空間において、点や線、面といった基本的な形状を定義するもの。**3Dモデルの骨格**となる部分で、形や複雑さを決める大切な役割を担う。
- ポリゴン：三角形や四角形などで構成される平面図形を指す。ジオメトリを細かい面で分割することで、**滑らかな曲面を表現できる。**
- ラスタライズ：ポリゴンを**ピクセルの集合体**に変換する処理。テレビやスマートフォンなどの2D画面に表示された画像は、ピクセルの集合体で構成されている。
- シェーディング：3Dモデルに**光と影**を用いて、質感や奥行きを表現する処理。オブジェクトの見た目やリアルな表現に影響する重要な要素となる。

それぞれが異なる役割を果たし、XR技術の重要な基盤となっています。3D技術を十分に理解することでXR技術の可能性をより広げ、高品質で没入感のある新しい体験や視点を提供することができるのです。

図6-3　XR体験と3D技術の関係性

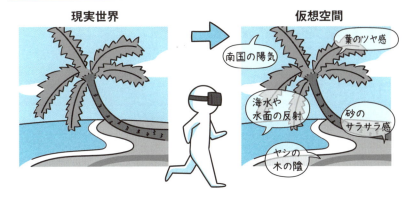

現実世界と仮想空間との違和感を少なくするためには、現実世界同様の形状や質感を3D技術を活用して再現する必要がある

図6-4　3D技術の基本要素とその役割

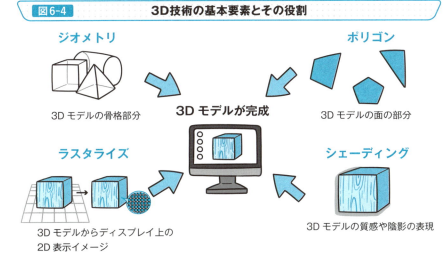

Point

- XR技術の発展には、3D技術は不可欠な要素であり、ユーザーの没入感やリアルな体験に寄与する
- 3D技術の基本となる構成要素は、ジオメトリ、ポリゴン、ラスタライズ、シェーディングの4つである
- 3D技術を駆使することにより、現実世界の形状、質感、奥行きを忠実に再現することができる

6-3 デプスバッファ、オクルージョン

≫ 奥行き表現のしくみ

XR技術における奥行き表現の重要性

XR技術では、奥行き表現が非常に重要な役割を果たします。なぜなら、仮想空間が平面的で、奥行きを正確に判断できない場合、その空間は平坦で単調に感じられ、没入感が低下してしまうからです。ユーザーは3D空間を認識できず、リアルな体験を得ることができません。

しかし、奥行き表現があれば、ユーザーはあたかもその場に立っているかのような感覚を味わうことができます。XR技術のクオリティを向上させるためには、**奥行き表現の正確な再現**が不可欠なのです。

奥行き表現を実現する技術① デプスバッファ

デプスバッファは、3D空間上の各ピクセルを表示させるときに、カメラからどのくらい離れているか（＝深度情報）を計算し、奥行きを判定するために使用される技術です（図6-5）。

対象のピクセルからカメラとの距離を記録しているため、デプスバッファを参照すれば、**より近いピクセルを前面に、より遠いピクセルを背面に**描画することができます。

奥行き表現を実現する技術② オクルージョン

オクルージョンは、オブジェクト同士の重なり関係を考慮し、見えない部分を隠すことで奥行き表現を強化する技術です（図6-6）。3D空間のオブジェクトすべてを描画すると、画面が重なり合い見えづらくなります。

そこで、オクルージョンを用いて、**実際に目に見えるオブジェクトのみ**を描画することで、処理速度を向上させ、より自然な視覚表現を可能にします。デプスバッファによって、各オブジェクトの深度情報を計算し、オクルージョンによって重なり関係も考慮することで、リアルな距離感や物体の配置を自然に表現することができるのです。

| 図6-5 | デプスバッファのしくみ |

カメラからの距離計測値を記録し、奥行き判定に利用する

| 図6-6 | オクルージョンのしくみ |

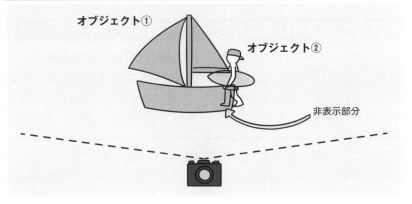

遠くのオブジェクトが手前の物体に隠れる部分を非表示化する

Point

- 奥行き表現はXR技術における没入感、リアリティ、距離感の向上に大きく影響する
- デプスバッファは深度情報をもとに、奥行きを正確に計算して表現する技術
- オクルージョンはオブジェクトの隠蔽により、リアルな奥行きを表現する技術

6-4 テクスチャマッピング、UVマッピング

》 3Dモデルの表面に模様を描画

3Dモデルをよりリアルに表現する技術

XRでは、リアルな物体を表現するために、モデルの形状だけでなく、材質感や細かい模様まで再現する必要があります。

例えば、ARで本物の家具に合わせて仮想の椅子を配置する場合、その椅子の材質感まで再現できなければ、本物の家具と並べて見たときに違和感が生じてしまいます。

それらを解消するための高品質な3Dグラフィックス技術に、**テクスチャマッピング**と**UVマッピング**があります。

模様や質感を3Dモデルに適用する2つの手法

テクスチャマッピングは、3Dモデルの**表面に模様や質感を適用する**技術です（図6-7）。これにより、3Dモデルは単なる形状だけでなく、実物と同じように表面の模様や色を持つことができます。しかし、3Dモデルはポリゴンで構成されているため、そのままでは平滑な単色の表面しか表現できません。

例えば、レンガの壁の3Dモデルにレンガの写真をテクスチャとして適用することで、現実に近い見た目は再現できます。しかし、平面の画像をモデルの曲面に貼りつけただけなので、ひずみが生じてしまいます。

そこでUVマッピングと呼ばれる手法が用いられます。UVマッピングは、**3Dモデルの立体的な形状を2D平面上に展開します**。そして、展開した2D平面上にテクスチャ画像を配置し、元の3D形状に貼りつけることで、ひずみのない自然なテクスチャリングが可能になるのです（図6-8）。

| 図6-7 | 模様や質感が表現できるテクスチャマッピング |

ポリゴンオブジェクト　　　　テクスチャマッピング

・ポリゴンに対して画像（テクスチャ）を貼りつけ（マッピング）する技術
・ARで本物の家具に合わせた場合も、材質感まで再現できるため並べて見たときに調和する

| 図6-8 | よりリアルな質感を表現できるUVマッピング |

3D モデル

2D テクスチャ

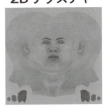

UV マッピング

テクスチャがマッピングされた後の3Dモデル

・2D平面上にテクスチャ画像を配置し、元の3D形状に貼りつける
・ひずみのない自然なテクスチャリングが可能になる

Point

- テクスチャマッピングで3Dモデルの表面に模様や質感を再現できる
- UVマッピングにより、ひずみのないリアルなテクスチャリングが可能

6-5

ミップマップ

遠近感によるテクスチャを表現

遠近感にはテクスチャ表現が不可欠

遠近感は3D空間の奥行きを演出し、ユーザーが物体の距離や位置を把握するために必要な要素です。この遠近感を再現するために用いられる技術が、テクスチャ表現です。

テクスチャ表現とは、質感のことであり、物体の色や質感、光の情報などから、現実世界のようなリアルなビジュアルを3D空間に表現する技術を指します。テクスチャ表現による遠近感の再現が行われなければ、3D空間は不自然に見え、没入感の低下につながってしまいます。

テクスチャ表現を実現する技術

ミップマップは、遠近感にもとづいたテクスチャ表現技術の一つです。異なる解像度のテクスチャを複数用意し、**視点からの距離に応じて適切な解像度のテクスチャを使用します**。近くから見たときには高解像度のテクスチャを使用し、遠くから見たときには低解像度のテクスチャを使用します（図6-9）。

このように遠近に応じたテクスチャの切り替えをすることで、**テクスチャのぼやけを防ぎ、より自然な視覚表現を実現する**ことができます。

ミップマップは高速化の手法

ミップマップは遠近効果によってリアルな3D空間を得られる一方、高速化の手法としても知られています。なぜなら、**距離が遠くなると高解像度の画像から自動的に低解像度の画像に切り替わる**ことで、描画速度が向上するからです。また、高解像度のテクスチャを大量に使用する必要がなくなるため、**メモリ使用量の削減**にもつながります（図6-10）。

このようにミップマップを活用することで、画質を保ちつつ描画速度が上がり、3Dゲームや映像がスムーズに動くようになります。

| 図6-9 | ミップマップによる遠近感の再現 |

視点からの距離に応じて、適切な解像度のテクスチャが選択される

| 図6-10 | ミップマップの高速化とメモリ削減の効果 |

視点が遠くなると高解像度の画像から自動的に低解像度の画像に切り替わるためメモリ使用量を削減でき、描画速度も上がる

Point

- テクスチャ表現を極めることで、3D空間の遠近感が向上する
- テクスチャ表現技術の一つであるミップマップは、テクスチャのぼやけが気になるときに有効
- ミップマップはリアルな視覚表現や高速化、メモリ削減に貢献する

6-6 .... LOD

≫ 遠近感によるモデル精度を自動調整

精度を自動調整することでリアルな遠近感

　リアルな3D表現に重要な遠近感ですが、追求するあまり多くのポリゴンや高解像度のテクスチャを使用すると、見た目の精度は向上しますが、データのサイズが大きくなり、処理に時間がかかってしまいます。

　遠近感をうまく表現するためには、3Dモデルの精度を自動的に調整できる技術が必要です。具体的には、遠くから見た物体は簡略化された精度で、近くから見た物体は高い精度で自動的に調節するといったように、効率的な描画手法の採用が不可欠なのです（図6-11）。

LODでクオリティはそのままに軽量化

　そこで有能なのが、LOD（Level of Detail）です。LODとは、視点からの距離に応じて3Dモデルの精度を自動的に調整する技術です。

　視点に近いオブジェクトにはポリゴン数も多くテクスチャも高精度のモデルを適用し、視点から離れたオブジェクトには低精度のモデルを使用します（図6-12）。この調整により、リアルな遠近感を保ちながらも、**処理に必要な計算量を減らし、描画の効率と表現の滑らかさを向上させる**ことが可能です。

XRアプリケーションやゲームに採用されるLOD

　LODを採用すれば、3D表現において多数の物体を効率的に描画することができるようになります。身近なXRアプリケーションやゲームにおいてLODは広く使用されており、フライトシミュレーターや地図アプリケーションなど、多岐にわたる3D画像システムでも幅広く採用される汎用性の高い技術です。

　LODを駆使することで、よりリアルで没入感のあるXR体験を提供する基盤が整っていきます。

| 図6-11 | 3Dモデルの精度の違い |

精度レベル0　　精度レベル1　　精度レベル2　　精度レベル3

- 多くのポリゴンや高解像度のテクスチャを使うと、見た目の精度は向上するが、データサイズが大きくなり、処理に時間がかかる
- 遠くから見た物体は簡略化され、近くから見た物体は高い精度で表現する描画手法が不可欠

| 図6-12 | LODによる遠近感の再現 |

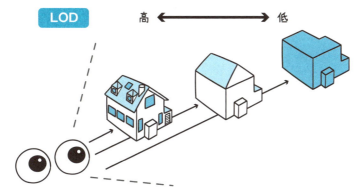

- 視点からの距離に応じて、適切なポリゴンやメッシュに自動で調整する技術
- 多数の物体を効率的に描画することができるため、多岐にわたる3D画像システムでも幅広く採用されている

Point

- 没入感の高いXR空間作りには、モデル精度の調整が必須
- LODは、ポリゴン数の多い複雑なモデルに対し、画質バランスと処理速度を自動的に最適化する
- LODは、XRアプリケーションやゲーム、シミュレーションなどに幅広く用いられている

6-7 GPUシェーダー

» シェーダーで高度な描画

立体感の鍵を握るシェーダー技術

　色の合成や陰影の表現、奥行き感の演出など、リアルで立体的な表現を実現するには、**シェーダーの活用**が非常に重要です。シェーダーは、3Dオブジェクトを表現する際に陰影処理を行うためのプログラムです。その高度な視覚効果は、GPUを用いて実現しています。

GPUシェーダーによる高度な描画表現

　GPUシェーダーは、3Dオブジェクトの描画プロセスをカスタマイズし、高速に処理を行いながら、光の反射や影の生成、色の調整、ピクセル処理などの複雑な描画表現ができます。バーテックスシェーダー、ピクセルシェーダー、ジオメトリシェーダーなど種類があり、それぞれが3Dオブジェクトの描画に特化した役割を持ちます（図6-13）。

- バーテックスシェーダー：**3Dオブジェクトの頂点の位置や色、テクスチャ座標**などを操作する。
- ピクセルシェーダー：**各ピクセルの色や透明度、テクスチャの適用方法**などを制御する。
- ジオメトリシェーダー：**頂点データを動的に生成したり、プリミティブ**（ポリゴンなどの基本的な図形）**を分割する**ことができる。

シェーダー数が多いほど高性能

　GPUの性能を表す指標の一つに、シェーダーの数があります。**多いほどGPUの処理能力が高く**、より高度な描画表現ができます。ただし、シェーダー数を比較する際は、**同じメーカーで同じ世代のモデルを基準にする**ことが大切です。メーカーによってシェーダー1つあたりの処理能力が異なり、世代が変わるごとに性能が向上するためです（図6-14）。

図6-13　GPUシェーダーによる高度な描画表現

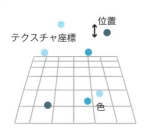

バーテックスシェーダー

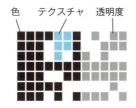

ピクセルシェーダー

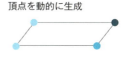

ジオメトリシェーダー

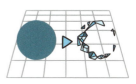

図6-14　シェーダー数の比較方法

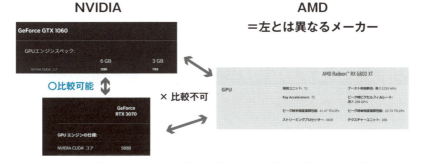

・他メーカー同士ではシェーダーの設計や処理能力が異なるため、シェーダー数の単純比較はできない
・同一メーカー内での世代間比較のみが可能

Point

- シェーダーによる陰影処理があることで、立体的でリアルな表現が実現できる
- GPUシェーダーの高速な並列処理能力で、複雑な描画も高速で処理できる
- シェーダー数はメーカーごとに処理能力が異なるため、同じメーカー内で比較する

6-8 リギング、スキニング

多様な動作を実現する 3Dアニメーション

3Dモデルに命を吹き込む技術

リギングは、3Dモデルに骨格や関節を設定し、より人間らしい動きをシミュレートすることで、自然な動作を実現する技術です。これにより、まるで3Dモデルに命が吹き込まれたかのように、滑らかな動作をさせることが可能になります（図6-15）。

3Dモデルにアニメーションをつける際には、まず**モデル内に骨格構造を作ること**から始めます。この骨格は「ボーン」または「スケルトン」と呼ばれ、動かしたい部位に合わせてモデル内に配置されます。例えば人体モデルであれば、腰からの背骨、首、頭など身体の各部位にボーンが設けられます。その**ボーンを動かすこと**をリギングと呼びます。

リギングの基本的な流れ

リギングは、基本的に以下のステップで設定します（図6-16）。

① ボーンの作成

3Dモデルに対してボーンを作成します。これは、人間の骨格のように、3Dモデルの動きを制御するための基本のフレームワークです。ボーンは一連の骨から成り立ち、各ボーンは特定の部分（例えば、腕や脚）の動きを制御します。

② スキニング

次に、スキニング（またはボーンウェイトづけ）というプロセスを通じて、**各ボーンがモデルのどの部分を制御するか**を定義します。

これにより、ボーンが動くときにモデルのメッシュがどのように変形するかが決まります。

リギングが適切に設定されることで、3Dキャラクターを自由に動かすことができ、さまざまな表情やポーズを作り出すことが可能になります。

図6-15　リギングによってアバターがより人間らしく動ける

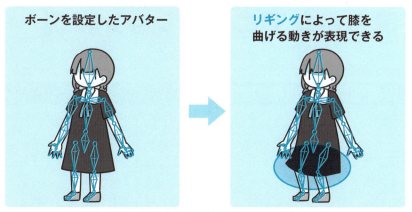

- 3Dモデルに骨格や関節を設定し、より人間らしい動きをシミュレートする
- モデルの動かしたい部位にボーンを配置する

図6-16　リギングの基本的な設定の流れ

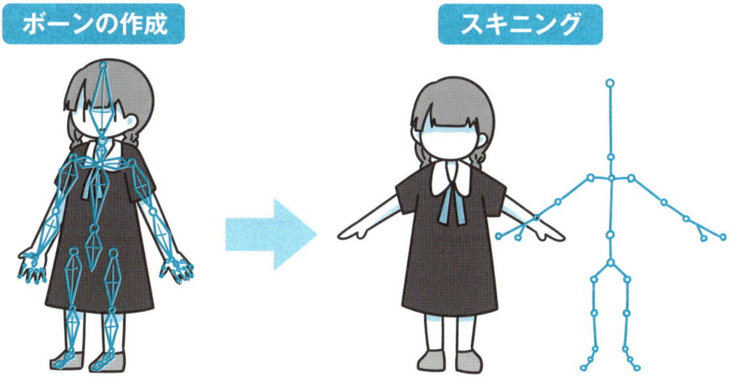

ボーンの作成　→　スキニング

3Dモデルに対して骨格（ボーン）を設定　　3Dモデルとボーンを組み合わせる作業

Point

- XRコンテンツを高品質にするためには、さまざまな動作を再現することが求められる
- リギングとスキニングにより、骨と関節の位置を適切に設定することで、3Dモデルの自然な動きを表現できる

6-9 .... スキンアニメーション、IK

》 滑らかなアニメーション表現

仮想空間での表現の重要性

　前節で、リギングについて紹介しました。ここでは、応用編として、よりアバターを滑らかに動かす、**スキンアニメーション**を紹介します。この技術を用いることで、キャラクターの細かな動きを表現できるようになります。例えば、キャラクターが歩くときの筋肉の動きや、手を振るときの指の動き、髪の毛が風になびいたときの動きなどが自然に描写されることで、ユーザーはより現実味のある深い没入感を得ることができます。

スキニングとIKによるリアルな表現

　スキンアニメーションは、3Dキャラクターの関節や筋肉の動きを滑らかに再現する技術です。ボーン（骨）とウェイト（重み）の2つの要素で構成されており、ボーンがキャラクターの骨格を形成し、**各ボーンの移動・回転によりポーズが変化します**。一方、ウェイトは**各頂点がどのボーンにどれだけ影響を受けるかを示す重みづけ**です。ボーンの動きに合わせて頂点が移動することで、自然な動きの再現ができます（図6-17）。

　さらに、スキニングと **IK**（Inverse Kinematics：逆運動学）のしくみを組み合わせることで、よりリアルな動作が表現できます（図6-18）。従来の3Dモデルでは、頂点は1つの骨にのみ属しており、肘や膝などの関節が不自然な見た目でした。しかしスキニングでは、**各頂点に複数の骨とウェイトを設定する**ことで、頂点が設定されたウェイトに応じて複数の関節に追従し、滑らかな関節表現が可能になります。

　加えて、IKの活用により末端の部位の位置を先に決め、その位置から**手前の部位の座標を逆算する動作**も表現できます。例えば「ドアノブに手をかける」といった動作では、まず手のひらの骨をドアノブに置き、手首→肘→肩の順に各座標を決めていきます。

| 図6-17 | スキンアニメーションにおけるボーンとウェイト |

**ポリゴンメッシュに
ボーンを割りあてたとき**

各ボーンの移動・回転によりポーズが変化する

**ポリゴンメッシュに
ウェイトを割りあてたとき**

各頂点がどのボーンにどれだけ影響を受けるかを示す

| 図6-18 | IKを用いた自然な動作表現 |

IKの活用

ドアノブに手のひらの骨を置く

手首の骨の座標を決める

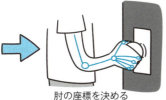

肘の座標を決める

肩の座標を決める

末端の部位から座標を決め、手前の部位の座標を逆算する動作も表現できる

Point

- スキンアニメーションはボーンとウェイトの2つの要素で構成され、アバターの関節や筋肉などの細部にわたる動きを自然に表現する
- スキニングとIKを組み合わせることで、より精緻な動作表現が可能

6-10 .... ライティング、GI、レイトレーシング

≫ リアルな陰影を再現

リアリティと没入感の向上を支える陰影再現

　正確な陰影の再現は、リアリティと没入感を大きく向上させます。物体の形状やテクスチャを強調し、環境に合わせた光や影、反射の仕方をリアルに模倣することで、ユーザーはより自然なXR体験ができます。

　XR技術の質を大きく左右するリアルな陰影再現を支える技術には、ライティング、GI、レイトレーシングの3つがあります。

光と影を操る3つの3D技術

　陰影再現を支える3つの技術を、それぞれ詳しく見ていきましょう。

- ライティング（Lighting）：陰影再現の基本となるライティングは、**光源の位置や色、強さを設定する**ことで、物体の陰影や反射をリアルに表現する（図6-19）。適切なライティングを行うことによって、リアルな3Dシーンを構築することができる。
- GI（Global Illumination）：空間全体に影響する照明効果を計算し、よりリアルな陰影と光の反射を再現する技術。例えば、部屋の窓から差し込む太陽光が壁や床に反射し、部屋全体が柔らかな光で満たされる様子も表現できる。ライティングよりも、**オブジェクト同士の反射や環境光による影響を考慮する**ことで、さらにシーン全体の統一感を高める（図6-19）。
- レイトレーシング（Ray Tracing）：**光線の放射、反射、屈折などをシミュレーションする**ことで、リアルな陰影表現を実現する技術。例えば、車のボディに反射する光が実物のように再現される様子が挙げられる（図6-20）。GIよりも精度の高い陰影表現が可能な一方、計算量が多く処理速度が遅くなる課題がある。

144

| 図6-19 | ライティングとGIの違い |

ライティング	GI

光源の位置や色、強さを設定してリアルな陰影再現を行う

空間全体に影響する照明効果を全体的に計算し、陰影と光の反射を再現する

| 図6-20 | レイトレーシングの効果 |

レイトレーシング

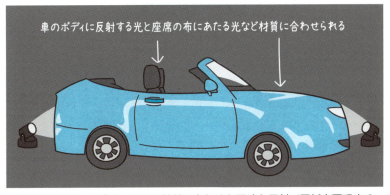

精緻な陰影と、オブジェクトの材質に合わせた正確な反射／屈折を再現する

Point

- ライティングを筆頭にした適切な陰影再現により、3D空間の仕上がりが決まる
- GIはライティングで表現できない、光の間接的な影響を表現できる
- レイトレーシングは光を追跡して材質などに合わせたリアルな陰影を表現できる

6-11 .... 物理エンジン

≫ リアルな物体の動きを再現

物理法則にもとづいた動きを再現

　ユーザーが仮想空間内で物体を動かしたり、操作したりする際に、**重力、衝突、摩擦など現実の物理法則にもとづいた自然な動作**を再現できる技術を物理エンジンといいます。

　ユーザーが仮想オブジェクトを持ち上げたとき、その重さやバランスが現実に即していると、仮想空間での体験がよりリアルに感じられ、没入感を向上させることができます。

　さらには、柔らかい物体や布の動きなども自然に再現でき、触覚フィードバックと組み合わせることで、より没入感のある体験を得ることができます。こうした技術により、ゲームやシミュレーションなどで物理現象が現実とほぼ同じように再現され、ユーザーの感覚に自然なフィードバックを与えます。

物理エンジンを構成する3つの要素

　物理エンジンは、大きく3つの要素で構成されています（図6-21）。

　1つ目が、物理計算です。これは、**ニュートンの運動方程式を利用して物体の動きを計算**します。例えば、質量、加速度、力などのパラメータをもとに、物体がどのように移動するかを予測します。これにより、ユーザーが投げたボールの軌道や、風による影響をリアルに再現できます（図6-22）。

　2つ目が、環境の影響です。これは**重力や空気抵抗、流体の動き**などが含まれます。例えば、水中での動きや風が吹く草原の表現など、環境による影響を反映することで、よりリアルな場面を作り出すことができます。

　3つ目が、衝突検出と応答です。これは**物体同士の接触や衝突を検出し、反発や摩擦などの適切な応答を計算**します。例えば、2つの車が衝突した場合の変形や反発力、摩擦力などをリアルタイムで計算し、視覚的に表現します。

146

| 図6-21 | 物理エンジンの基本構造 |

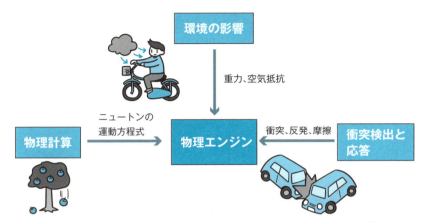

物理エンジンは**物理計算、環境の影響、衝突検出と応答**の3つの要素から構成される

| 図6-22 | 物理エンジンの動作例 |

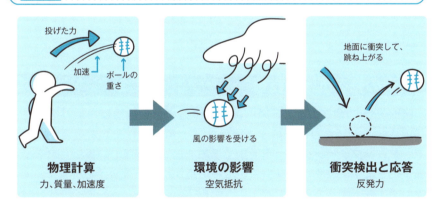

・物体がどのように移動するかを予測する
・ユーザーが投げたボールの軌道や、風による影響などをリアルに再現できる

Point

- 物理エンジンは物理法則にもとづく動きを再現する技術
- 物理計算、環境、衝突検出と応答の影響をもとに物理現象を再現できる

6-12 .... HDR

>> 明暗の表現を向上させる技術

明暗表現の発展

よりリアルなXR体験を実現するには、光と影の自然な表現が欠かせません。

そこで活用されるのが、HDR（ハイダイナミックレンジ）です。これは、**映像や画像における明暗の幅を広げる**ことができる技術です。これにより光源や反射、透明物体の表現を忠実に再現することができます。従来のSDR（スタンダードダイナミックレンジ）に比べて、より広い範囲の明暗を再現できるため、自然に近い映像を生み出せるのです。

HDRは、フィルム写真の時代から取り入れられていた手法ですが、CGの発展とリアルな表現への要求の高まりから、本格的に利用されるようになりました。近年では、ゲームやVR/ARなどのXRコンテンツにおいて、HDRが広く採用されるようになっています。

表現の幅を広げる技術

HDRでは、明るい場所と暗い場所の両方の情報を豊富に取り込むことができます。しかし、そのまま表示すると見えづらくなる場合があるので、**トーンマッピングという手法で情報を適切に調整し、画面に合わせて最適化**します。これにより、映像の中の細かな明暗差や色のディテールを失わずに表示することができます（図6-23）。

さらに、HDRコンテンツは通常よりも高い輝度と広い色域を持っているため、非常に明るい部分や暗い部分でも、色の再現性が高まり、よりリアルな映像表現が可能となります。夜景や夕焼けの景色などでは、この効果が顕著に表れます。

また、HDR映像では色の階調が1,024段階以上あり、通常の256段階より4倍以上の幅があります（図6-24）。これにより色の移り変わりが滑らかになり、全体的な映像の品質が大幅に向上します。

図6-23　HDRの効果とトーンマッピング

HDRイメージ　→　トーンマッピング（明暗差を調整）　→　最適化されたイメージ

明るい場所と暗い場所が含まれる　　明暗差が適切に調整された映像が完成

図6-24　HDRとSDRの色の階調の違いによる表現の向上

色の階調の比較

暗い　　　　　　　　　　　　　　　　　　明るい

HDR　1,024階調以上
階調の差が小さいため、色の移り変わりが滑らか

SDR　256階調
階調の差が大きいため、色の変化が粗い

・高い輝度と広い色域を持っているため、非常に明るい部分や暗い部分でも、色の再現性が高まる
・夜景や夕焼けの景色などでは、この効果が顕著となる

Point

- HDRは通常よりも高い輝度と広い色域を持ち、広範囲の明暗情報を取得してリアルな明暗を実現する技術
- フィルム写真の時代から存在していた技術だが、CGの発展とリアルな表現への要求の高まりから、本格的に利用されるようになった
- トーンマッピングは画面に合わせた明暗に調整することができる技術

6-13 クロスシミュレーション

» アバターの衣服を動かす

リアルな衣服の動きがアバターに命を吹き込む

　自分の理想通りに仕上げたアバターでさまざまなアクションを起こしたとき、身につけているものがぴったりと身体に密着したままでは不自然でしょう。前述の通り、現実に近い明暗や材質とともに環境に合わせた動きを表現することは、没入感の向上に欠かせません。そこで、**衣類にリアルな表現をもたらす**技術が**クロスシミュレーション**です（図6-25）。

衣服を自然に表現するクロスシミュレーション

　クロスシミュレーションは、衣服の素材や形状、重力、風などの要素を考慮し、人が動くことにより生じる服のシワや、風に揺れる旗などの動きをリアルに再現する技術です。この技術は、布の物理的な特性をコンピュータ上でモデル化し、シミュレーションすることで実現されます。

　まず、布を多数の小さな三角形や四角形のメッシュで表現し、**各メッシュの頂点に質量を割りあてます**（図6-26）。そして、これらの頂点間にバネのような力学的な関係を設定し、外力（重力、風力、キャラクターの動きなど）に応じて**メッシュの変形をシミュレート**します。このシミュレーションには、質点間の相互作用を計算する質点バネモデルや、メッシュの変形をより正確に表現するための有限要素法（FEM）などの手法が用いられます。

　また、**布の材質に応じた特性**（伸縮性、剛性、摩擦係数など）**を適切にパラメータ化する**ことで、さまざまな種類の布の動きを再現することができます。さらに、シミュレーションの高速化のために、GPUを活用した並列処理や適切な解像度への調整、シミュレーションの結果を事前に計算しておくプリコンピュートなどの手法も用いられています。

　このようなクロスシミュレーションの技術により、アバターが歩いたり、走ったり、踊ったりしても、衣服はそれに合わせて自然な動きを表現することができるのです。

図6-25　クロスシミュレーションによる衣服の動き

- アバターの動きに合わせて衣服が自然に揺れる
- 現実に近い明暗や材質とともに環境に合わせた動きを表現する

図6-26　クロスシミュレーションのしくみ

布のメッシュ表現　　　　　　外力の影響を設定

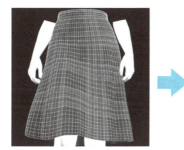 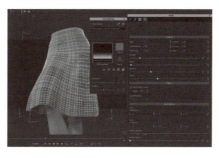

- 布を多数の小さな四角形のメッシュで表現し、各メッシュの頂点に質量を割りあてる
- 頂点間に力学的な関係を設定し、外力（重力、風力、キャラクターの動きなど）に応じてメッシュの変形をシミュレート
- 布の材質に応じた伸縮性、剛性、摩擦係数などをパラメータ化することでさまざまな布の動きを再現できる

Point

- アバターを魅力的に表現するには、衣服のリアルな動きが欠かせない
- クロスシミュレーションは、布の物理的特性をモデル化し、シミュレートすることで自然な動きを再現する技術

6-14 .... DirectX、OpenGL、Metal、Vulkan

» 3Dグラフィックスの実装

仮想世界と現実世界をシームレスに結ぶ

「3Dグラフィックスを実装する」とは、**コンピュータ上で立体的な映像表現を行うこと**です。表現には、物体の形状や色、テクスチャ、光源、陰影などが含まれ、3D空間にリアルに再現するための技術そのものやプロセスを指します。したがって、XR技術のパフォーマンスを向上させ、仮想空間と現実世界をシームレスに融合することが可能になります。

3Dグラフィックスを実装するAPI

API（Application Programming Interface）は、ソフトウェアとハードウェアの効率的な通信をサポートする役割を持ちます。主なAPIには、以下の4つがあります（図6-27、6-28）。

- DirectX：Microsoft社が開発したWindows向けのAPIで、主にゲーム開発に利用される。**GPUを利用した高速なレンダリング**が可能であり、特にWindows環境下で最適化する。
- OpenGL：Khronos Groupが開発したAPIで、プラットフォームに依存せず、派生型の種類や外部ライブラリとの連携が豊富。**構造が単純で、高い汎用性**を誇る。
- Metal：Apple社が開発したmacOSやiOS向けのAPI。仕様はDirectXやVulkanと似ていて、低レベル仕様で**コンピュータの内部構造に近い操作ができる**ため、細かい調整や最適化が可能。
- Vulkan：OpenGLの後継として開発されたAPI。低レベル仕様でハードウェア制御を目的としており、**高速なレンダリング性能**が期待できる。

図6-27　3Dグラフィックス実装の流れ

アプリケーション
（CADソフト、3Dモデリングツール）

3DグラフィックスAPI
（DirectX、OpenGL、Metal、Vulkan）

グラフィックスドライバー

ハードウェア（GPU）

図6-28　3Dグラフィックスを実装するAPI

	DirectX	OpenGL	Metal	Vulkan
開発元	Microsoft	Khronos Group	Apple	Khronos Group
プラットフォーム	主にWindows	クロスプラットフォーム（Windows、macOS、Linux、モバイルなど）	macOS、iOS	クロスプラットフォーム（Windows、macOS、Linux、Androidなど）
用途	ゲーム開発、マルチメディアアプリケーション	ゲーム開発、シミュレーション、科学的ビジュアライゼーション	ゲーム開発、グラフィクスアプリケーション	ゲーム開発、高性能グラフィックスアプリケーション
メリット	・Windowsに最適化されているため、Windowsプラットフォーム上で高いパフォーマンスを発揮 ・多くのゲームエンジンや開発環境がDirectXをサポート ・GPUを利用して高度なグラフィックスを描画可能	・プラットフォームに依存しないため、さまざまな環境で使用できる ・学習コストが低めで、多くのリソースが利用可能 ・拡張性が高く、多くの外部ライブラリと連携可能	・Appleのハードウェアに最適化されており、高いパフォーマンスを提供 ・低レベルAPIにより、ハードウェアに近い操作が可能 ・マルチスレッドレンダリングのサポート	・ハードウェアへの直接アクセスができ、効率的なパフォーマンスチューニングが可能 ・さまざまなプラットフォームで利用可能。一度コードを書けば別のプラットフォームで移植も簡単 ・複数のCPUコアを効率的に活用でき、高度な並列処理が可能
デメリット	Windows専用であるため、クロスプラットフォームのサポートが限定的	最新のグラフィックス技術への対応が遅れることがある	Appleデバイス専用であるため、クロスプラットフォームのサポートがない	高度な知識と経験が必要。DirectXやOpenGLに比べて学習曲線が急で、開発が複雑になることが多い

Point

- 仮想と現実の世界を滑らかにつなぐために、3Dグラフィックスは欠かせない
- 3Dグラフィックスを実装するAPIとは、プログラミングのプラットフォームのような存在
- ハードウェアの特性に応じて最適化されたAPIを選定する

6-15　OpenGL ES

» モバイル向け3Dグラフィックス

モバイル向けの「OpenGL ES」

近年、スマートフォンやタブレットなどの身近にあるモバイルデバイスでも、十分にリアルな3D空間を体験することができます。モバイルゲーム市場の拡大や高性能GPUの登場が加速して、モバイル向け3Dグラフィックス技術の進化は不可欠な要素となっているのです。

代表的な例が、OpenGL ES（OpenGL for Embedded Systems）です。コンピュータグラフィックスの標準規格であるOpenGLをベースに、モバイルデバイスに最適化された仕様です。

具体的には、以下のようなステップで3Dグラフィックスが作成されます（図6-29）。まず、3Dモデルのデータ（頂点座標、色情報、テクスチャ座標など）を用意して、OpenGL ESのAPIから3DモデルのデータをGPUに転送します。GPUは転送されたデータを処理し、3Dグラフィックスを描画して、モバイルデバイスの画面に表示します。

このように、3Dグラフィックスの描画に特化したAPIを提供することで、モバイルデバイスでの高品質な3D表現を可能にしているのです。

OpenGL ESの特徴と活用例

OpenGL ESは、さまざまなモバイルプラットフォームに対応した3Dグラフィックス技術です（図6-30）。あらかじめ決められた描画手順の固定機能パイプラインを使わず、開発者が自由にシェーダープログラムを記述できるプログラマブルシェーダーを採用しているため、限られたリソースで効率的な描画ができます。

また、ステートマシン（描画に必要な設定を一括管理するしくみ）によって描画設定を一括管理することで、コードがシンプルになります。

OpenGL ESは、GPUの並列処理能力を活用し、頂点シェーダーやフラグメントシェーダーを使って大量のデータを高速に処理することで、高品質な3Dグラフィックスを実現します。

図6-29 **OpenGL ESによる高速な3Dグラフィックス描画**

3Dモデルの
データを用意

OpenGL ESの
APIが3Dデータを
受け取る

APIがGPUに
データを転送し、
処理を依頼

GPUが3D
グラフィックスを
描画

図6-30 **OpenGL ESの特徴**

プログラマブルシェーダー

モデルの描画処理をGPU上で
リアルタイムにプログラムする技術

〈特徴〉
・自由度の高い描画が可能
・GPUの並列処理を活用できる
・高品質な3Dグラフィックスを実現

ステートマシン

描画に必要な設定を一括管理するしくみ

〈特徴〉
・描画設定の一括管理
・コードの簡素化
・パフォーマンスの向上

Point

- モバイルデバイスでも、OpenGL ESを使うことで高品質な3Dグラフィックスを描画し、リアルなXR体験が可能
- OpenGL ESは、プログラマブルシェーダーを採用することで、効率的な描画を実現する
- GPUの並列処理能力を活用し、頂点シェーダーやフラグメントシェーダーなどを使って大量のデータを高速に処理し、高品質な3Dグラフィックスを実現する

6-16 .... WebGL

》 ブラウザ向け3Dグラフィックス

利便性に優れているWebGL

　ブラウザ向け3Dグラフィックス技術は、Web上での充実したXR体験を可能にするうえで欠かせません。高品質な3Dコンテンツにアクセスすることで、仮想空間と現実世界をシームレスにし、没入感のある仮想空間を簡単に体験できるようになります。

　ブラウザ向けに3Dグラフィックス表現を提供する主な技術として、WebGLがあります（図6-31）。WebGLは、Khronos Groupによって管理される、OpenGL ES 2.0をベースとしたAPIです。

　従来では、Webブラウザ上で3Dコンテンツを閲覧するには、Flash Playerなどのプラグインが必要でした。しかし、WebGLは**プラグイン不要**で3Dコンテンツを閲覧することができるため、ユーザーの利便性が向上しています。また、プラットフォームに依存しないため、さまざまなデバイスやブラウザでの互換性もあります。

多彩な機能で高度な3Dグラフィックスを実現

　OpenGLのWeb版ともいえるWebGLは、プログラミング言語の**JavaScriptと連携**しており、多彩な機能を持ちます。また、WebGLでは次のような流れで3Dグラフィックスを生成します（図6-32）。

　まず、3Dモデルのデータ（頂点座標、色情報、テクスチャ座標など）を用意し、WebGLのAPIを使ってそのデータをGPUに転送します。頂点シェーダーとフラグメントシェーダーを使って、3Dモデルの描画方法を指定すると、GPUは転送されたデータとシェーダーを使って3Dグラフィックスを描画し、最終的にWebブラウザの画面に表示します。

　このように、JavaScriptを使ってデータの生成や操作を行い、APIを通じてGPUに描画を指示することで、動的で柔軟な3Dグラフィックスの実装が可能になります。さらに、シェーダーやテクスチャ表現などの機能を駆使すれば、リアルな3D描画を実現することができます。

| 図6-31 | **WebGLの利便性と特徴** |

- Khronos Group によって管理
- OpenGL ES 2.0 をベース

プラグイン不要で 3D コンテンツを閲覧できる

プラットフォームに依存しないため、さまざまなデバイスやブラウザでの互換性がある

プログラミング言語の JavaScript と連携している

動的で柔軟な 3D グラフィックスの実装、リアルな 3D 描画を実現することができる

| 図6-32 | **WebGLの描画の流れ** |

頂点座標、色情報、テクスチャ座標など
3D モデルのデータを用意

- WebGL の API を使ってデータを GPU に転送
- 頂点シェーダーとフラグメントシェーダーを使って、3D モデルの描画方法を指定する

GPU がデータとシェーダーを使って、3D グラフィックスを描画する

描画された 3D グラフィックスが Web ブラウザの画面に表示される

Point

- WebGLにより Webブラウザ上で高品質な 3Dコンテンツを体験できる
- WebGLは JavaScriptと連携し、プラグイン不要で動的な 3Dグラフィックスを実装できる

やってみよう

WebGLを使った3Dグラフィックスサンプルの探索

　3Dグラフィックス技術を学ぶ第一歩として、WebGLを使ったサンプルデータを見てみましょう。

　WebGLは、ブラウザ上で3Dグラフィックスを表示するための標準技術です。専用のソフトウェアをインストールすることなく、Webブラウザ上で誰でも閲覧することができます。

　まずは、「WebGL 3D demos」や「WebGL examples」などのキーワードを検索エンジンに入力してみてください。

　さまざまなWebサイトやブログがWebGLを使った3Dグラフィックスのデモを公開しています。中にはゲームやアートプロジェクト、データビジュアライゼーションなど、多様なジャンルの作品を見ることができます。

　気になる作品があれば、実際に操作してみましょう。マウスやキーボードを使って、3Dシーンをナビゲートしたり、オブジェクトを動かしたりすることができます。

　3Dグラフィックスの表現力や、アニメーションの滑らかさを直接体感してみてください。下記のWebGLを利用して作成されたさまざまな作品が公開されているサイト「WebGL Samples」を活用してみるのもよいでしょう。

出典：Khronos「WebGL Samples」
（URL：https://webglsamples.org/）

第7章

XRコンテンツ開発の応用

～環境とツール～

7-1

FBX、PLY、glTF

》 XRに使われる データフォーマット

適切な方法で3Dデータを保存する

XRコンテンツ開発では、3Dデータを適切な形式で保存し、読み込むことが重要です。代表的な3Dデータ形式の一つに **FBX** 形式がありますが、他にもOBJ形式やSTL形式などが存在します（図7-1）。

OBJ形式は、**3D物体のジオメトリ**（頂点、UV、法線ベクトル）**を記述する**ためのファイル形式です。FBXに比べ情報が限定的ですが、軽量でデータ移行がしやすい点が特徴です。一方のSTL形式は、3Dプリンター出力用に設計された、**三角形のメッシュデータを記述する**形式です。FBXに比べると情報量が非常に少ない代わりにコンパクトです。

3つの主要データフォーマット

ここからは、データフォーマットの中でも、よく使用されているFBX、**PLY**、**glTF** について詳しく紹介します（図7-2）。

FBXは、3Dモデル、テクスチャ、アニメーションなど、ほぼすべての**3Dデータの構成要素を1ファイルに保存**できます。キャラクターアニメーションの表現力に優れ、主要3DCGソフトやゲームエンジンでサポートされている汎用性の高いフォーマットです。

PLYは、**点群データ**（位置と色の点の集まり）**を保存する**フォーマットで、レーザースキャンなどで取得した実物体の3Dデータに適しています。ARでは事前に計測された点群データが活用されることがあります。

glTFは、**Webブラウザ上での3Dグラフィックス表示を考慮した軽量**のフォーマットで、WebGLやWebXRと親和性が高く、モバイル対応のデータに適しています。FBXに比べて単純な構造ですが、リアルタイム表示に適したファイルサイズが特徴です。

これらは用途に合わせて使い分けることが重要です。例えば、ゲームアセットにはFBX、スキャンされた現実世界の3DデータにはPLY、Webコンテンツではデータ容量を軽量化できるglTFが有効です。

図7-1		FBXと他の形式との比較		
概要		FBX形式	OBJ形式	STL形式
用途		3Dモデリングソフト間のデータ交換	3D物体のジオメトリ記述	3Dプリンター出力
含まれる情報		ジオメトリ、テクスチャ、アニメーション、ライティングなど	頂点、UV、法線ベクトル	三角形のメッシュデータ
情報量		最も豊富	FBXに比べ限定的	非常に少ない
データ移行の容易さ		やや複雑	容易	非常に容易

図7-2　PLY形式とglTF形式

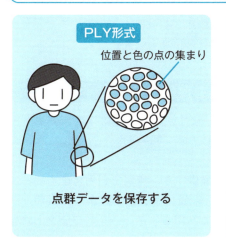

Point

- XRコンテンツ開発では、3Dデータを適切な形式で保存し、読み込む必要がある
- 代表的なデータ形式にFBXがあり、他にもOBJやSTL、PLY、glTFなどがある
- 用途に合わせてデータフォーマットを使い分けることが重要

7-2 .... Blender、Maya、3ds Max

» 基本の3Dモデリングツール

3Dモデリングツールは魔法の道具

　3Dオブジェクトや空間を作成するためのソフトウェアを、3Dモデリングツールといいます。XRのコンテンツ制作では、立体座標を手入力して形を作るモデリング作業、骨格の構造と機能を定義するリギング、映像を描画させるレンダリングなどの作業で使われます。図7-3は、Blenderの公式サイトで公開されているモデリングとリギングの作業画面です。

　XR開発以外で、建築業や機械工業でも基本的なツールとして使用されていますが、XRでは、建築業などとは異なり、人間のような柔らかい形のモノをモデリングしたり、立体的な動き（アニメーション）データを作成する必要があるため、その専用機能も備わっています。

XRコンテンツ制作における主要ツール

　3Dモデリングツールは多岐にわたりますが、ここでは機能が充実している統合型の代表的ソフトを3つ紹介します（図7-4）。

- **Blender**：Blender Foundationが提供する、無料で利用可能なオープンソースの3Dモデリングツール。**軽量で使い勝手がよく高機能**なため、初心者から上級者にまで幅広く利用されている。エフェクトが豊富なため、動画編集やゲーム制作に適する点も特徴。
- **Maya**：Autodesk社が提供する有料ツール。**アニメーションやVFXの世界で評価が高く**、世界の大企業が利用している。カスタマーサポートが備わっているため、初心者でも安心して利用できる。
- **3ds Max**：Mayaと同じくAutodesk社が提供している。有料ツールで、主に建築、インテリアデザインなどの分野で使用されている。Mayaと比べて**多くのプラグインがあり、独自の機能を追加することが容易**。アニメーションに特化したプラグインも多く、特にCGアニメーション制作で頻繁に使用される。

| 図7-3 | さまざまな業界で活用される3Dモデリングツール |

- 立体座標を入力して形を作るモデリング、骨格の構造と機能を定義するリギングなどのあらゆる作業が行える
- 人間など柔らかい質感のモノのモデリングや立体的な動きを加える専用機能もある

出典：Blender公式HP（URL：https://www.blender.org/）

| 図7-4 | 代表的な3Dモデリングツールの比較 |

・無料（オープンソース）
完全無料で使用できるオープンソースの3Dモデリングツール

・高機能
強力な3Dモデリング、レンダリング、アニメーション、ビジュアルエフェクト（VFX）機能を備え、かつ軽量

・エフェクト豊富
パーティクルシステム、流体シミュレーション、剛体/布/煙のシミュレーションなど、豊富なエフェクトが利用可能

AUTODESK MAYA

・有料（サブスクモデル）
Autodeskによって提供されている有料ツール

・アニメーション／VFXに強い
高度なアニメーションツールセット、リギングシステム、シミュレーション機能（布、毛髪、流体、パーティクルなど）を備えており、プロフェッショナルなVFX制作に適している

・プロ向け
高度なカスタムスクリプト（Python、MEL）やプラグインを使用してワークフローを最適化できる

・有料（サブスクモデル）
Autodeskによって提供されている有料ツール

・プラグインが豊富
アニメーションに特化したプラグイン（キャラクターアニメーション、モーションキャプチャ、物理シミュレーションなど）が充実しており、CGアニメーション制作に適している

・高いカスタマイズ性
ユーザーのニーズに合わせた柔軟な操作ができ、既存のワークフローに組み込みやすい

Point

- Blenderは無料だが高機能で、小規模な3DCG制作会社やフリーランスに人気がある
- Mayaは映像業界で広く愛用されるハイエンドなツール
- 3ds Maxは充実したプラグインの使い方次第で、幅広い用途で壮大なスケールのXR表現ができる

7-3 ························ OptiTrack、VICON、mocopi、Kinect

≫ モーションキャプチャで動きを取得

人間の動きをデジタルデータにする技術

モーションキャプチャは、**人間や動物の動作をリアルタイムにデジタルデータとして記録する**技術です。物体の動きを光学式や磁気式などのセンサーで捉え、3Dデータとして記録し、3Dモデルに適用することで、まるで本物のような繊細な動きを再現することができます（図7-5）。

従来、アバターの動きはすべて手作業で入力していたため、多くの時間を費やしていましたが、モーションキャプチャによって、**素早く高品質なキャラクターアニメーションを生成する**ことが可能になりました。

用途別のモーションキャプチャツール

モーションキャプチャツールは、近年さまざまな特徴を持ったものが開発されています。ここでは、主な4つのツールを紹介します（図7-6）。用途に合わせて、適したツールを選択することでより効率よく、表現の幅を広げることができます。

- **OptiTrack**：カメラとマーカーを組み合わせ（光学式）、1mm以下の高精度で対象物を計測し、**低遅延でリアルタイムにデータを処理で**きる。映画製作やゲーム開発に広く使用されているツール。
- **VICON**：光学式システムで、細かい指の動きを**高精度にトラッキング**できるプロフェッショナル向けのツール。映画製作はもちろん、スポーツパフォーマンスや動物科学の分析にも適している。
- **mocopi**：スマートフォンと6つの小型センサーを装着するだけで、**手軽に全身の動きをキャプチャ**できる。場所を選ばないため、VTuberやメタバース空間のアバターに適している。
- **Kinect**：ゲーム機Xbox用に発売された、深度センサーを搭載したデバイス。特殊なスーツやセンサーが不要で、**被写体を映すだけで距離や動きを検出**し、ゲーム中に動きを合成して操作できる。

| 図7-5 | 人間の動きをアバターに反映するモーションキャプチャ |

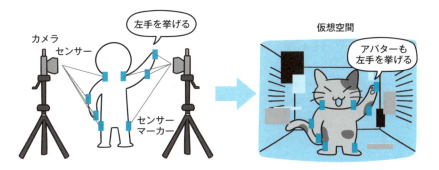

現実世界の人間の動きをカメラで捉え、
仮想世界のアバターにリアルタイムで反映

| 図7-6 | さまざまなモーションキャプチャツール |

概要	OptiTrack	VICON	mocopi	Kinect
技術	光学式システム	光学式システム	スマートフォンと小型センサーを組み合わせたシステム	深度センサーを搭載したデバイス
精度	1mm以下の高精度で対象物を計測できる	細かい指の動きを高精度にトラッキングできる	手軽に全身の動きをキャプチャできる	特殊なスーツやセンサーが不要で、被写体を映すだけで距離や動きを検出できる
特徴	低遅延でリアルタイムにデータを処理できる	映画製作やスポーツパフォーマンス、動物科学の分析などに適している。プロフェッショナル向け	場所を選ばず手軽に利用でき、VTuberやメタバース空間でのアバターに適している	ゲーム中のキャラクターとプレイヤーの動きを合成して操作できる
用途	主に映画製作やゲーム開発などに広く使用される	専門的なプロジェクトや詳細な動きの記録に使用される	簡易的な動きの記録やアバターの作成に使用される	主にゲームやエンターテインメントの分野で利用される

Point

- モーションキャプチャは、人間や動物の動作をリアルタイムにデジタルデータとして記録する技術
- 手作業のアニメーション作成よりも、大幅に制作時間を短縮し、一貫性のある動きを表現できる
- モーションキャプチャツールには光学、慣性センサー、機械、磁気式などがあり、それぞれ用途に合わせて選択する

7-4 ·························· ポイントクラウド、サーフェスリコンストラクション

物体形状を効率的に データ化する技術

現実世界の立体物を3Dデータ化する技術

XRコンテンツ開発では、ARアプリケーションで実際の製品モデルをデジタルデータとして表示したり、VRゲームで実在の風景をバーチャル空間に再現したりする際に、現実世界の立体物を3Dデータとして取り込む必要があります。その際に用いられるのが、**ポイントクラウド**と**サーフェスリコンストラクション**という技術です。

点群データと表面モデルを生成する技術

ポイントクラウドは、3Dスキャナーで対象物を計測して得られる、**座標値と色情報を持った点の集まり**のことです。LiDARなどのセンサーを使い、対象物の周りをスキャンすることで大量の点データを取得できます。図7-7の右側は、Blenderが公開している点群データのイメージです。

サーフェスリコンストラクションは、**ポイントクラウドの点群データを補正し、3Dモデルにするまでの一連の処理**のことです。具体的には、点群データをポリゴンに変換し、最後にポリゴン数の調整を行い、3Dモデリングツールで利用できるようにします。

代表的な手法には、以下の3つがあります（図7-8）。

- k近傍法：一定距離以内の点同士を結んでポリゴンを作成する
- ドロネー法：順次分割しながら最適な三角形を生成する
- キューブマーチング法：立方体を格子状に区切り、頂点からポリゴンを選択する

このような手法も使いながら、サーフェスリコンストラクションで生成されたデータは、ゲームエンジンや3Dモデリングツールで扱えるようになります。

図7-7 　ポイントクラウドの生成

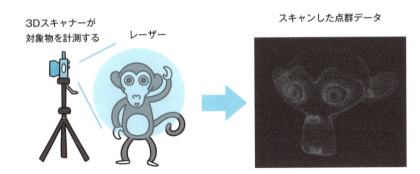

出典：Blender「Point Cloud（ポイントクラウド）」より画像引用
（URL：https://docs.blender.org/manual/ja/3.6/modeling/point_cloud.html）

図7-8 　サーフェスリコンストラクションの手法

Point

- XRコンテンツ開発では、現実世界の立体物を3Dデータとして取り込む必要がある
- ポイントクラウドは、3Dスキャナーで取得した点の集まりのデータ
- サーフェスリコンストラクションは、点群データを変換し表面モデルを生成する技術。代表的な手法には、k近傍法、ドロネー法、キューブマーチング法がある

7-5 ポリゴンリダクション

ポリゴン数の最適化で軽快なコンテンツを実現

ポリゴン数が与える影響

XRコンテンツでは、多くの場合、リアルタイムでの3Dモデルの表示や動作が求められます。しかし、ポリゴン数が多いほど、コンピュータの処理負荷が増加し、フレームレートの低下や遅延が発生します。

そこで**ポリゴン数の最適化**により、デバイスの性能を最大限に活用したXR体験を実現することが可能です。仮想空間内でのスムーズな移動や操作、アバターのタイムラグのないリアクションなど、ポリゴン数が最適化されたコンテンツは、ユーザーにストレスを与えません。

ポリゴンを削減する方法

ポリゴンリダクションは、3Dモデルを構成する**三角形ポリゴンの数を減らす**ことで、描画負荷を軽減する技術です。3Dモデルの形状は複数の三角形ポリゴンの集合体として表現されるため、ポリゴン数を減らすことで単純化でき、結果的に描画処理が軽くなります（図7-9）。しかし、過度の単純化は**形状の品質劣化を招く**ため、適切な指標にもとづいた最適化が重要です。具体的には次のポリゴン削減方法があります（図7-10）。

- 頂点の削除（Vertex Decimation）：モデルの頂点を1つずつ削除する。頂点を削除すると、その頂点に接続されていたポリゴンも削除される
- エッジの収縮（Edge Contraction）：モデルのエッジ（2つの頂点を結ぶ線）を1つずつ収縮、つまり2つの頂点を1つに統合する

ポリゴン数を減らすとモデルの形状表現能力は低下しますが、その分**テクスチャマッピングを積極的に活用する**ことで、形状の曖昧さを補い、模様や質感を表すことができます。つまり、ポリゴン数とテクスチャを適切に使い分けることで、パフォーマンスと品質を両立することができます。

| 図7-9 | 元の形状をなるべく崩さないようにポリゴン数を削減する |

ポリゴンリダクション前　　　　ポリゴンリダクション後

三角形ポリゴンの数を減らして単純化することで、描画処理を軽くする

| 図7-10 | ポリゴンの削減方法 |

頂点の削除 頂点を削除してポリゴンを削減する方法

中央の頂点を削除　　ポリゴンの数が減る

エッジの収縮 モデルのエッジを1つずつ収縮する方法

左のエッジを削除して　　ポリゴンの数が減る
頂点は1つに統合

Point
- ポリゴンリダクションは3Dモデルのポリゴン数を減らす手法
- 頂点の削除、エッジの収縮などの手法で形状の品質劣化を防ぐ

7-6 スティッチング、トーンマッピング

現実世界をデジタル化する技術

360度撮影で現実世界を記録

360度映像は、**周囲の全方位を1枚の画像や1本の動画で表現できる**ため、視野や視点に制限されない体験を提供できます。VRやARなどの没入感の高い技術と相性がよく、VRヘッドセットやパノラマビューアを通して見ることで、現実にいるかのような感覚を体験することができます。

360度撮影を支える技術

360度撮影では、**複数のカメラで撮影した映像や画像を1枚の円形に合成する**スティッチングと、**明るさの違いを調整する**トーンマッピングが重要な技術となっています。

スティッチングには、**映像の動きを解析して合成する**オプティカルフローと、**カメラの位置から計算して合成する**ジオメトリベースの2つの手法があります。オプティカルフローは自動補正できる半面、合成の失敗で継ぎ目が目立つ欠点があります。一方、ジオメトリベースは継ぎ目が滑らかですが、カメラのズレで映像がひずむという欠点があります（図7-11）。

トーンマッピングは、明暗の違いを調整する技術です。全体に同じ調整をする場合は計算が速く瞬時に反映されますが、細かな表現が難しくなります。部分ごとに調整する場合は細かな表現ができるものの、計算に時間がかかってしまいます（図7-12）。

このように、360度撮影は映像のつなぎ合わせと明暗の調整が重要な技術となります。それぞれに長所短所のあるさまざまな手法を使い分けながら、現実世界を忠実に記録できるように成り立っているのです。

図7-11　360度撮影におけるスティッチング2つの手法

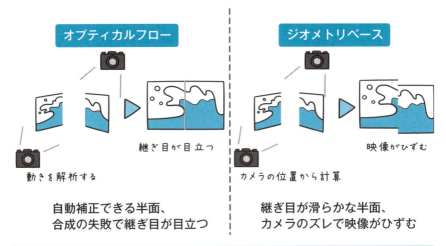

図7-12　明るさの違いを調整する技術「トーンマッピング」

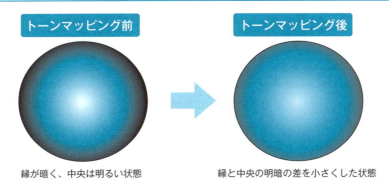

- 明暗の差を調整して、より自然な画質に向上させる
- 全体に同じ調整をかけるときは計算が速い
- 部分ごとに細かく調整するときは計算に時間がかかり反映が遅くなる

Point

- 360度映像は、周囲の全方位を1つの画像や動画で表現できるVRやARなどと相性がよい
- 360度撮影はスティッチングとトーンマッピングという2つの技術で成り立つ

360度映像の編集

上下方向も撮影する全天球撮影

7-6で紹介した360度撮影は、水平方向のみを撮影する方法ですが、その他にも**全天球撮影**といい、**上下方向も含めた全方位を撮影する**方法が存在します（図7-13）。全天球撮影は、360度カメラ（RICOH THETA、GoPro Fusion/MAXなど）を使用して撮影することができます。

撮影した360度映像の編集では、Adobe Premiere Proなどの**動画編集ソフト**が広く使われています。これらのソフトを使うことで、通常の動画編集と同様に、テキストやロゴの追加、ブラー効果の適用などが簡単に行えます。

さらに、360度映像特有の編集として、パン（左右の撮影方向）の調整により正面の方向を変更することもできます。

360度映像の編集

360度映像の魅力をさらに引き出すために、さまざまな編集技術が活用されています。

例えば、GoPro FX Reframeというプラグインを使用することで、Yaw（ヨー）、Pitch（ピッチ）、Roll（ロール）、FOVの調整が可能になります（図7-14）。Yawは**水平方向の左右**、Pitchは**垂直方向の上下**、Rollは**正面に対する回転**、FOVは**視野角**を意味します。これらのパラメータを適切に調整することで、ユーザーの注意を引きたい方向に映像を誘導したり、見ている方向や画角を変化させることができます。また、全天球撮影の場合は、天頂や地面への移動も可能になるため、より自由度の高い演出が実現できます。

なお、360度映像の編集は、Adobe Premiere Pro以外にも、PowerDirectorやVideoProcなどのソフトでも行えます。

図7-13　360度撮影と全天球撮影の違い

特徴	360度撮影	全天球撮影
撮影範囲	水平方向のみ360度	水平360度＋垂直180度（全方位）
視野角	水平方向に制限される	上下左右全方向をカバー
没入感	やや限定的	より高い没入感
カメラ設定	水平に配置されたカメラの組み合わせ	球状に配置されたカメラまたは専用の全天球カメラ
撮影後の視点変更	水平方向のみ可能	水平・垂直両方向に可能
編集の複雑さ	やや簡単	より複雑
出力形式	通常のワイドスクリーン形式	等角投影（Equirectangular）形式

図7-14　首の回し方で覚えるYaw/Pitch/RollとFOV

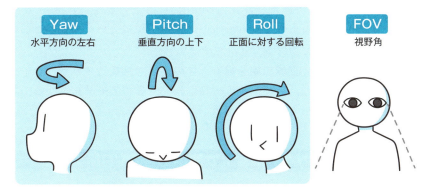

- パラメータを調整することで、注意を引きたい方向に映像を誘導できる
- 見ている方向や画角を変化させることもできる
- 全天球撮影では、天頂や地面の方向への移動もできるようになる

Point

- 撮影した360度映像は動画編集ソフトを使い、動画編集と同じようにテキストや効果を加えたり、パンの調整を行う
- Yaw、Pitch、Roll、FOVはそれぞれ水平方向、垂直方向、正面に対する回転、視野角を表す

7-8 VRoid、VRMアバター

» アバターの制作ツール

アバターはXRコンテンツを拡張させる

アバターは、XRコンテンツにおいて、ユーザー体験を大きく左右する重要な要素です。仮想空間でのユーザー自身の分身であり、自己表現の手段となります。また、アバターを介してリアルな没入体験や、多様な人々との交流など、よりXRコンテンツを楽しむことが可能になります。

初心者でも簡単にアバターが作れるVRoid

VRoidは、ピクシブ株式会社が運営する3D事業です（図7-15）。中でもVRoid Studioは無料のアバター作成ツールで、初心者でも簡単に顔や髪形、服装などを自由にカスタマイズできます。

操作時は手を使って**実際に絵を描くときのような感覚**でキャラクターを作成できます。作成したアバターは、映像作品や書籍のモデルとなる、素材集の販売、VTuberとしての活動など、広範な用途に活用されています。

さまざまなアプリケーションで使用できるVRMアバター

VRMアバターは、VRM形式で表現される3Dアバターです。VRM形式とは、3Dアバターデータを共通のフォーマットで扱うための規格であり、異なるプラットフォームやアプリケーション間での**アバターの互換性を確保する**ことが可能です。

VRM形式を用いることで、プラットフォームに依存せず、Unityなどのゲームエンジンの他、さまざまなアプリケーションでアバターを作成・表示することができます。例えば、前述したVRoidで作成したアバターをVRMファイルとして出力し、対応するアプリケーションで読み込むことで、3Dアバターを使用できるようになります（図7-16）。

こうしたVRM形式の採用により、アバターデータの汎用性が高まり、より多くのユーザーがアバターを活用できるようになるでしょう。

図7-15　VRoid Studioの特徴

顔や髪形、服装などを細かく調整しながら、自由に組み合わせてアバターが作成できる

絵を描くように初心者でも簡単に3Dアバター作成ができる

映像作品や書籍、素材集やVTuberなど、広範な用途に活用される

図7-16　VRMアバター作成の流れ

VRoidでアバターを作成する　　VRMファイルとして保存する

 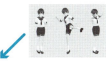 

プラットフォームに依存しないアバターが完成

Point

- アバターは自己表現、没入感、コミュニケーション、多様性、経済活動などで、ユーザーの代わりにさまざまな役割を果たす
- VRoidは直感的な操作で個性豊かなアバターを作成できる無料ツール
- プラットフォームに依存しない横断型の3Dアバターフォーマットを VRMアバターという

7-9 顔認証アニメーションツール

» リアルな顔の動きを アバターに反映

AIを活用した顔認証アニメーションの可能性

顔認証アニメーションとは、**人間の顔の動きをリアルタイムで認識し、その動きをアバターに反映させる**技術です（図7-17）。5-14で解説したように、これもAIを活用して顔の特徴点を検出し、表情を推定することで実現されます。カメラで捉えた人間の顔の映像を**AIが解析**し、目や鼻、口などの位置、さらに表情の変化を追跡します。

このAIを活用することで、従来は手作業で行っていた**顔の特徴点の検出や表情の付与を自動化**でき、制作にかかる時間とコストを大幅に削減できます。また、人間の表情の細かいニュアンスを捉え、それをアバターに反映させることで、リアリティのある表現が可能になります。

さらに、実写とアニメーションを組み合わせたハイブリッドなキャラクターや、現実には存在しない架空の生物のアバターなど、創造性豊かな表現も期待できる技術です。

主要な顔認証アニメーションツール

ここで、代表的な**顔認証アニメーションツール**を3つ紹介します（図7-18）。

- ARKit/ARCore：リアルタイムの顔認識と顔の特徴点検出に優れている。視線方向やまばたき、頭の動きをトラッキングでき、顔の変形やマスクのオーバーレイもできる
- Lens Studio：高度な顔認識アニメーション機能を備えており、表情の追跡はもちろん、キャラクターの表情をユーザーの表情に同期させることができる。豊富なビジュアルエフェクトとフィルターを組み合わせて活用できるのも大きな強み
- Autodesk Fusion：3Dキャラクターと顔の動きの連動に特化している。顔認識とリアルタイムトラッキングによる、リップシンク機能を活用して、リアルな口の動きを再現できる

図7-17　顔認証アニメーションにおけるAIの活用

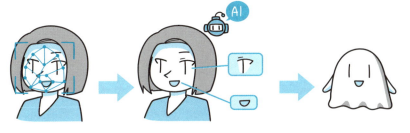

人の顔を検出　　AIを用いて、顔の特徴点を検出し、表情を推定する　　推定された表情をアバターに反映

図7-18　顔認証アニメーションツールの特徴

ARKit/ARCore
・リアルタイムの顔検出と特徴点検出に優れる
・視線追跡などのトラッキングができる
・顔の変形などもできる

Lens Studio
・表情追跡が可能
・アバター表情連動もできる
・豊富なビジュアルエフェクトとフィルターを組み合わせて使える

Autodesk Fusion
・3Dキャラクター連動に特化
・リップシンク機能で口の動きをリアルに再現できる

Point

- 顔認証アニメーションは、あたかもアバターが生きているかのような動きを表現する重要な技術
- 顔認証アニメーションにAIを活用することで、制作過程を大幅に効率化することができる
- 顔認証アニメーションツールは視線追跡や表情追跡、リップシンクなど、それぞれ長けている技術がある

7-10 ···· CUDA

» 生成AIの学習を実現する 超高速計算言語

進化する3Dコンテンツ生成技術

　XRコンテンツにおける生成AIは、大量のデータを効率的に処理し、複雑なモデルを学習する必要があります。しかし、それには膨大な計算量が必要であり、従来のCPUでは処理速度が追いつかないという課題がありました。

　そこで活用されるのが、並列処理やGPUなどを活用して、大規模計算を効率的に行うために設計された**超高速計算言語**です（図7-19）。これにより、大規模な計算を高速化することで、XRコンテンツの生成や処理が迅速に行われ、リアルタイムでのコンテンツ生成が可能になります。

　さらに、この技術を応用することで、ユーザーの入力や環境の変化に応じ、3Dモデルの内容や表現を動的に変化させることができるようになります。例えば、ユーザーの動作や表情に合わせてアバターの動きや表情が変化したり、仮想オブジェクトの配置や見え方が変わったりするなど、ユーザーごとにパーソナライズされたコンテンツを生成することができます。

XRを支える基盤技術として不可欠なCUDA

　超高速計算言語の代表例が、**CUDA**（Compute Unified Device Architecture：クーダ）です。CUDAは、NVIDIAが提供するGPUの並列処理能力を活用したプログラミング言語で、CPUと比べて圧倒的な処理速度を実現します。

　具体的には、**数十〜数百倍の処理速度**を持ち、従来のCPUでは処理が困難だった**複雑なアルゴリズムを実行する**ことができます（図7-20）。CUDAを活用することにより、VRゲームでリアルな質感や動きを持つキャラクターを短時間で生成できたり、ARでは周囲の環境とのリアルタイムな合成にも利用できます。

　このようにCUDAは、その高い処理能力と汎用性から、XRコンテンツにおける生成AI学習を加速し、さまざまな分野での活用が期待される重要な技術といえるでしょう。

| 図7-19 | 超高速計算言語誕生の背景 |

XRコンテンツにおける課題

大量のデータ

複雑なモデルの学習

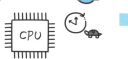

膨大な計算量が必要なため、
CPUでは処理速度に限界がある

超高速計算言語の登場

データの並列処理

GPUの活用

処理速度が高速化し、リアルタイムで
XRコンテンツも生成できるようになった

| 図7-20 | 従来の処理とCUDAの比較 |

従来の処理

 …大量のデータを処理する際、処理速度が追いつかない

CUDAでの処理

 …CPUの数十〜数百倍の処理速度を持ち、複雑なアルゴリズムも実行できるようになった

 ×

リアルタイムで周囲の環境と合成

リアルな質感や動きを持つ3DCGを短時間で生成

Point

- 超高速計算言語による高速かつ効率的な計算によって、より複雑で高品質なXRコンテンツが表現できる
- CUDAはGPUを用いた高速な並列計算を実現し、生成AIの学習を効率化する
- 大規模なデータセットや複雑なモデルをリアルタイムで扱う際、CUDAは特に優れている

7-11 Diffusion Model

特殊な質感や視覚表現を実現する生成AI

圧倒的な表現とリアリティを自動化する生成AI

XRコンテンツにおいて、リアルな質感や視覚表現を緻密に再現する生成AIの存在は欠かせません。これまで手作業で行っていたこれらの表現技術ですが、生成AIにより自動化させることで、効率的かつ高クオリティな3D体験が実現できます。さらに、人間の想像を超えた表現方法が可能となり、XRコンテンツの可能性を大きく広げることにもつながります（図7-21）。

ノイズからリアルな画像を生み出すDiffusion Model

Diffusion Model（拡散モデル）は、画像データの拡散過程を学習した画像生成AIモデルです。このモデルでは、画像に**ランダムなノイズを加えた後、ノイズを徐々に除去しながら、元画像に近づける**ように学習します。画像の壊れゆく過程と復元する過程を学習することで、ディテールや質感を保持しながら、リアルな画像を生成することが可能です（図7-22）。

多くの画像生成ツールで採用されている

Diffusion Modelは、画像生成や画像変換などに応用できる有用なAI技術として、多くのAIサービスに採用されています。代表例として、英企業Stability AI社のStable Diffusionは、オープンソースの生成AIで、テキストから高品質な画像を生成します。また、Adobe社のFireflyは著作権リスクが低く、商用利用にも安心のツールで、テキストからも画像からも画像生成が可能です。

このように、画像生成の分野は無限の可能性を秘めており、今後の高解像度化に期待がかかる革新的な技術といえます。

| 図7-21 | XRコンテンツと生成AIの関係 |

質感のデータ

明暗や色彩のデータ

テキストと画像の組み合わせ
パターンなどの学習

生成AIが自動で作成

仮想世界が完成

これまで手作業で作っていたXRコンテンツを生成AIによって自動で作成

| 図7-22 | Diffusion Modelのしくみ |

画像を復元する過程

ノイズ

ノイズを加えた画像

ノイズ除去後の画像

最小限の誤差にする

元画像

画像が壊れゆく過程

Point

- XRコンテンツの可能性を広げるためには、多様な質感と表現を生み出すしくみが必要
- Diffusion Modelは画像データの拡散過程を学習した画像生成AIモデルで、あらゆる画像を1つのデータから生成できる
- Diffusion Modelは画像生成AIサービスの中でも広く利用されており、発展途上の技術である

やってみよう

Blenderを使った3Dモデリングと glTFフォーマットでの書き出し

　オープンソースの3DCGソフトウェアであるBlenderを使って、基本的な3Dモデリングを行います。さらに、作成した3DモデルをglTFフォーマットで書き出し、WebGLを使ってブラウザ上で表示する方法を試してみましょう。

① Blenderのインストールと基本操作

　Blenderの公式Webサイト（https://www.blender.org/）から、使用しているOSに合わせたインストーラをダウンロードしてください。インストールが完了したら、Blenderを起動し、3Dビューポートや各種パネルの配置など、基本的な操作に慣れていきます。

② 基本的な3Dモデリングの手法

　次に、3Dモデリングを行います。Blenderでは、キューブやスフィア、シリンダーなどのプリミティブ（基本図形）を組み合わせて、複雑な3Dモデルを作成していきます。頂点、辺、面などの編集ツールを使って、プリミティブの形状を自由に変形させることができます。

③ マテリアルとテクスチャでリアルな質感を表現

　3Dモデルが完成したら、マテリアルとテクスチャを設定して、リアルな質感を加えます。Blenderのマテリアルエディタを使って、色や反射、透明度などの特性を調整します。

④ glTFフォーマットで書き出し、WebGLでブラウザ上に表示

　glTFは、3DモデルをWeb上で効率的に表示するための汎用的なフォーマットです。Blenderの書き出し設定で、glTF形式を選択し、必要なオプションを設定すれば、3Dモデルをエクスポートできます。

　エクスポートしたglbファイルは、Three.js（https://threejs.org/）などのWebGLライブラリを使ってブラウザ上で表示することができます。

第8章

XRアプリケーション開発の基盤技術

～汎用性の高いプラットフォーム～

8-1 ·· Unity

≫ スマートフォン用のゲームを 作れるモバイルゲームエンジン

モバイルゲームエンジンの進化が開発を加速させる

　近年、スマートフォンゲームはますます身近なものとなっていますが、利用者が増えると同時に、ゲーム開発の基盤となるソフトウェア＝ゲームエンジンの進化が著しくなっているのをご存じでしょうか。この**モバイルゲームエンジンの進化**により、高品質な3Dコンテンツ制作が容易になり、XRアプリケーション開発の効率化を支えています（図8-1）。

　XRアプリケーション開発では、リアルタイムの3Dグラフィック処理や、各種デバイスとの連携が求められます。ゲームエンジンはこれらの機能を総合的に提供し、開発者に最適な環境を提供してくれます。

ゲームエンジンのUnity

　モバイルゲームエンジンの代表格は**Unity**といいます（図8-2）。米Unity Technologies社が提供するゲームエンジンで、世界中のゲーム開発者に広く支持されているプラットフォームです。

　Unityは、iOS、Android、Windows、macOS、Webなど、**マルチプラットフォームに対応**しているため、一度作成したXRアプリケーションを複数のプラットフォームで利用でき、開発の効率化が見込めます。また、XR体験には欠かせない**リアルタイムレンダリングと高度なグラフィック機能**を備えており、高品質なCGモデルを作成できます。

　さらに、ゲームエンジンでありながら、XR開発専用の機能を多く提供している点も特徴です。例えば、Spatial Mapping（3Dマッピングを行う機能）、Hand Tracking（手の動きを追跡する機能）、Eye Tracking（眼の動きを追跡する機能）など、最新のXR技術に対応した機能を利用できます。

　Unityは単なるゲームエンジンにとどまらず、XRアプリケーション開発のための包括的なプラットフォームとして活用されています。

184

> 図8-1 ゲームエンジンの進化とXRアプリケーション開発の効率化

VRゲーム　3Dアバター　スマートフォンゲーム　ARコンテンツ

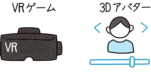

リアルタイムの3Dグラフィック処理　各種デバイスとの連携 etc.

Unity

ゲームエンジンの進化がXRアプリケーション開発を支えている

> 図8-2 UnityはXRアプリケーション開発の包括的プラットフォーム

マルチプラットフォーム対応

「Spatial Mapping」
3Dマッピング

リアルタイムレンダリング
高度なグラフィック

「Hand Tracking」「Eye Tracking」
手の動き、眼の動きの追跡

Point
- ゲームエンジンの進化がXRアプリケーション開発の効率化を支える
- Unityは、ゲームエンジンでありながらXRアプリケーション開発のための包括的なプラットフォームとして利用されている

第8章 スマートフォン用のゲームを作れるモバイルゲームエンジン

8-2 .... Unreal Engine

» 最新のグラフィックスエンジン

リアルタイムグラフィックスがXRの体験を決める

XRアプリケーション開発において、リアルで高品質なグラフィックス表現に**グラフィックスエンジン**は不可欠な存在です。これまでは、3Dグラフィックスを生成するために、複雑なプログラムコードを記述する必要がありました。

しかし、グラフィックスエンジンの登場により、開発者は光の反射や影のリアルな再現、物体の質感表現、さらには環境の動的な変化を簡単にシミュレートできるようになり、没入感のある高度なXR表現が実現できるようになりました。特に、ライティングやシェーディングの技術が向上したことで、仮想空間内での立体感や現実感が飛躍的に向上しています。このようなエンジンを活用することが、XR技術発展の基盤となっています（図8-3）。

高品質グラフィックスとリアリティが実現するUnreal Engine

Unreal Engine（アンリアルエンジン）は、米Epic Games社によって開発された、世界最先端のグラフィックスエンジンの一つです。映画やゲームで使用される**超高精細な映像を生成するのに適したエンジン**で、現実世界と見間違えるほどの精密な描写、リアルタイムレイトレーシング、フォトグラメトリなどの視覚表現をサポートしています（図8-4）。

XR開発で欠かせない、人体やロボットといった**バーチャルヒューマンの作成**にも対応しており、細部までこだわった表情や動作を再現することが可能です。物理ベースレンダリング（光の反射や屈折といった光の物理的な効果を計算に取り入れたレンダリング手法）などの機能を利用することで、光の性質を自動でコントロールし、あたかも現実世界にいるかのような錯覚を与える視覚表現を実現できます。

図8-3 グラフィックスエンジンの処理フローとXR開発への影響

従来の開発プロセス
① 3Dモデリング
② テクスチャ作成
③ ライティング設定
④ シェーダープログラミング
⑤ レンダリングパイプライン構築

グラフィックスエンジンを使用した開発プロセス
① アセットのインポート
② マテリアル設定
③ シーン構築
④ ライティング調整
⑤ ビルド & 最適化

従来の開発の課題
- 高度な専門知識が必要
- 開発時間が長い
- 最適化が困難
- クロスプラットフォーム対応が複雑
- 高品質な表現が難しい

グラフィックスエンジンのメリット
- 直感的なツールで開発が容易
- 開発時間の短縮
- 自動最適化機能
- マルチプラットフォーム対応
- 高品質なグラフィックスを実現

図8-4 Unreal Engineの視覚表現技術

リアルな3Dオブジェクト

リアルタイムレイトレーシング

画像 → 3Dモデル
フォトグラメトリ

バーチャルヒューマン

物理ベースレンダリング

Point

- Unreal Engineは、現実世界と見間違えるほどの精密な描写、レイトレーシング、フォトグラメトリなどの先進的な視覚表現技術を搭載
- バーチャルヒューマンの作成や物理ベースレンダリングの機能もあり、現実世界さながらの視覚表現を実現できる

8-3 正距円筒図法、ステレオスコピック法

» 360度映像のフォーマット

2種類の映像フォーマット

360度映像は、全方位の映像を記録し、ユーザーに臨場感のある体験を提供するために使用されます。スマートフォンでXRアプリケーションを開発する際にも、360度映像の取り扱いは重要な要素となります。

ここでは、代表的な360度映像のフォーマットである正距円筒図法とステレオスコピック法について解説します。

360度映像を平面上に展開する手法

正距円筒図法は、360度の球面映像を円筒状に投影し、その**円筒面を展開して平面化する**ことで、1枚の画像として表現する手法です（図8-5）。この手法では、上下180度の視野角が垂直方向に、左右360度の視野角が水平方向に並びます。

正距円筒図法のメリットは、**直線がそのまま直線として投影される**ため、画像のひずみが少なく、開発が比較的容易なことです。また、**1枚の画像として表現される**ため、処理能力に制限のあるスマートフォンでも扱いやすいです。一方、球面から平面への投影の際に解像度が低下するというデメリットがあり、高解像度の360度映像を扱う場合は注意が必要です。

360度映像に立体視を実現する手法

ステレオスコピック法は、**左右の視点から別々に撮影した2つの360度映像を使用**し、ユーザーの左右の眼に個別に映し出すことで、奥行き感のある**立体的な360度映像を実現する**手法です（図8-6）。ステレオスコピック法の最大のメリットは、リアルな立体感を実現できる点です。

しかし、左右2つの映像を使用するため、**同解像度の2D映像の2倍のデータ量が必要**となります。このため、処理能力に制限のあるスマートフォンでは、データ量の多さが負荷となる可能性があります。

| 図8-5 | 正距円筒図法で平面化する |

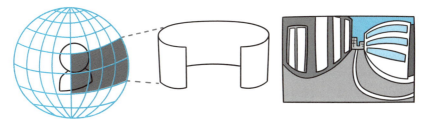

360度の空間映像を平面の映像として展開する方法

| 図8-6 | ステレオスコピック法で立体視を実現する |

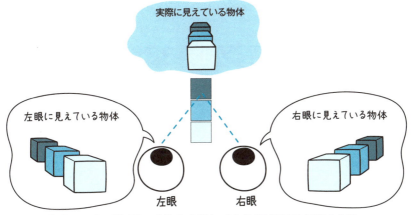

左右でそれぞれ別の映像を表示して立体視を実現させる方法

Point

- 360度映像を扱う際の代表的なフォーマットには、正距円筒図法とステレオスコピック法がある
- 正距円筒図法は、360度映像を1枚の平面画像として扱うため、スマートフォンでも比較的扱いやすい
- ステレオスコピック法は、立体的な360度映像を実現できるが、データ量が多くなるためスマートフォンでは負荷となる可能性がある

8-4 .... visionOS

≫ VR専用のOS

Apple社が提供するVR専用OS

visionOS は、Apple 社が ARKit/RealityKit に続く次世代 XR プラットフォームとして提供する、VR専用のオペレーティングシステムです。**ARとVRの技術を組み合わせ**、Apple Vision Pro ヘッドセット向けに最適化されています。ユーザーはアイトラッキングとハンドジェスチャーによって、視線の先にあるオブジェクトを手で操作したり、指を動かすだけでも操作が可能です。また、従来のキーボードやマウス、ゲームコントローラーにも対応しています（図8-7）。

「ウインドウ」「ボリューム」「スペース」の3要素

visionOS は、ウインドウ、ボリューム、スペースという3つの重要な要素から構成されています（図8-8）。

- ウインドウ：**アプリケーションの画面そのもの**を表し、サイズを自由に変更したり、場所を動かすことができる。
- ボリューム：**3D コンテンツを表示する立体的な部分**を指す。SwiftUI（Apple 製品のアプリケーションを構築できるフレームワーク）でデザインしたアプリケーションの画面に、RealityKit（3DCG レンダリングとAR補助機能を持ったフレームワーク）やUnity（ゲーム開発プラットフォーム）で作った 3D コンテンツを埋め込むことができる。
- スペース：**アプリケーションの表示モード**のこと。1つのアプリケーションを全画面で 3D 表示するフル 3D モードと、複数のアプリケーションを同時に表示できる共有スペースモードの2つがある。

visionOS は、このように直感的に操作できる XR インタフェースと開発の容易な環境があるプラットフォームなのです。

> 図 8-7　**Apple Vision Pro専用のOS**

Apple社が開発したApple Vision Proに搭載されるXR専用のオペレーティングシステム

> 図 8-8　**ウインドウ、ボリューム、スペースの3要素**

ウインドウ　　　　　　ボリューム　　　　　　スペース

・アプリケーションの画面
・サイズ／位置を自由に変更可能

・3Dコンテンツを表示
・SwiftUI画面に3Dコンテンツを埋め込んでVR空間を構築できる

・フル3Dモードで1つのアプリケーションを全画面に3D表示できる
・共有スペースモードで複数アプリケーションを同時表示できる

出典：Apple「visionOS の紹介」をもとに作成
　　　（**URL**：https://developer.apple.com/jp/visionos/）

Point

- visionOSはApple社が提供するVR専用OS
- ウインドウ（アプリケーション画面）、ボリューム（3Dコンテンツ）、スペース（表示モード）の3つの要素から構成される

8-5 .... PanoCreator

≫ 手軽なパノラマVR配信ツール

さまざまなシーンで活用されるパノラマVR

　パノラマVRは、リアルな体験を低コストで提供できることから、建設業界や観光業界など、さまざまな分野での利用も広がり、注目が高まっています（図8-9）。こうしたパノラマVRコンテンツを制作するには、360度映像の撮影と編集が不可欠です。

　従来は専用の機材や高性能のコンピュータが必要でしたが、近年ではクラウドベースの開発環境が登場し、よりシンプルで効率的な制作が可能になってきました。ここでは、クラウドベースの360度映像制作ツールであるPanoCreatorを紹介します。

360度映像をVR化するためのクラウドサービス

　PanoCreatorは、360度カメラで撮影した静止画や動画を**クラウド上でVR化する**ためのツールです。クラウドベースなので、**複数のデバイスから同じコンテンツにアクセスし編集できる**のが特徴です。

　指定のカメラで撮影した1〜4枚のJPEG画像をPanoCreatorにアップロードして、ボタンをクリックするだけで360度パノラマ画像が自動生成されます（図8-10）。バーチャルツアーやポップアップの画像、見取り図なども簡単に作成することができます。

　PanoCreatorは、Web/iOS/Androidなどの**マルチプラットフォームに対応**しているため、さまざまなサービスで利用することができます。また、HTMLタグでWebサイトに簡単に埋め込める他、REST APIやUnity SDKなども提供されているので、他のツール／サービスとの連携も可能です。

　また、**自動ステッチング**という機能があります。これは複数の静止画像を1枚の360度パノラマ画像に自動的に合成する高度な画像処理技術です。アップロードした**複数の画像の特徴点を自動検出し、ステッチングを自動化**しているのが特徴です。

192

図8-9　パノラマVRの制作環境とクラウド開発

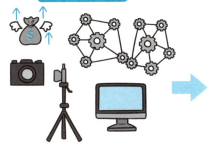

従来の制作環境
コストが高く、作業も複雑

クラウド開発環境
コストを削減しつつ、作業も効率化。
Web/iOS/Androidなどのマルチプラットフォームに対応

図8-10　PanoCreatorのしくみ

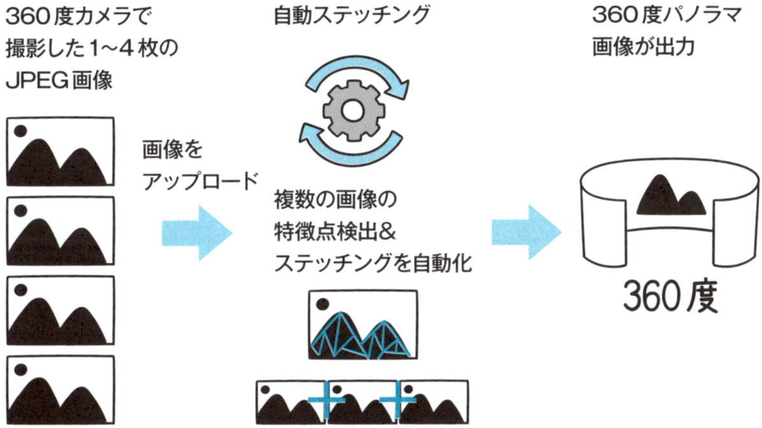

360度カメラで撮影した1～4枚のJPEG画像

画像をアップロード

自動ステッチング

複数の画像の特徴点検出＆ステッチングを自動化

360度パノラマ画像が出力

360度

Point

- パノラマVRは、360度映像によりその場にいるかのようなリアルな映像体験を提供する
- PanoCreatorは、360度映像をVR化するためのクラウドサービス
- 自動ステッチングは、複数の画像の特徴点の検出やステッチングを自動化する機能

8-6 CesiumJS

》 地球上の地理データを扱う

世界の地理データを3D化できる

Googleマップのストリートビューのように、XR開発においても地理情報を3D空間上に再現することがあります。こうしたXRコンテンツ開発における地理情報の活用を支援する技術が、CesiumJSです。

CesiumJSは、WebGL（ブラウザ上で3Dグラフィックスを高速に描画する技術）ベースのオープンソースJavaScriptライブラリです。**地球の3D地理情報を取得して、仮想空間にリアルタイムでマッピングする**ための幅広い機能を提供しています。

クロスプラットフォーム対応（異なるOS環境で同じ仕様のアプリケーションを動作させるプログラム）で高性能なグラフィックを表現でき、3Dの地図や地球の表示、衛星画像の重ね合わせ、3Dモデルの建物の配置などが可能です（図8-11）。**オープンソースで提供**されているため、誰でも使用することができます。

CesiumJSによる地形情報の3D化

CesiumJSは、衛星画像や航空写真、地形データ、3D都市モデルなどを組み合わせて、実際の地球を見ているかのような3D地球儀など、リアルな3Dグラフィックスを表示する機能を備えています（図8-12）。

地形データに関しては、CesiumJSはDEM（デジタル標高モデル）を使用します。DEMは、**地表面の高さを格子状に記録したデータ**で、起伏のある地形を正確に表現できます。CesiumJSは、読み込んだDEMデータをメッシュとして扱い、ブラウザ上で3D表示します。

また、CesiumJSには地形の詳細度を動的に調整するLOD（Level of Detail）機能があります。これにより、**カメラの位置や距離に応じて地形の解像度を自動で最適化**できます。遠くから見たときには粗い地形モデルを使用し、近づくにつれて徐々に詳細な地形に切り替わるため、パフォーマンスを維持しつつ、滑らかな地形表現が可能です。

| 図8-11 | CesiumJSの特徴 |

オープンソースライブラリ

クロスプラットフォーム対応

高性能のグラフィックを表現

| 図8-12 | CesiumJSによる地形情報の3D化 |

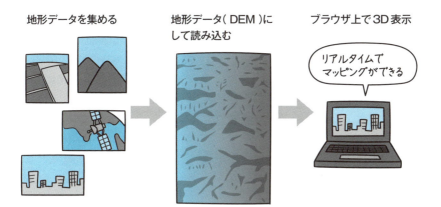

地形データを集める → 地形データ(DEM)にして読み込む → ブラウザ上で3D表示

リアルタイムでマッピングができる

Point

- CesiumJSは、地球上の地理データを3Dモデル化し仮想空間にマッピングするツール
- VR/ARアプリケーション開発において、現実の地形・建物をリアルに再現することでユーザーの体験価値を高められる

8-7 ··· ARCore

≫ スマートフォンだけで 簡単にARを作る

スマートフォンで作れるAR

『ポケモン GO』をはじめとして、スマートフォンでARアプリケーションを利用する機会が増えています。このようなARアプリケーションを開発するためのツールとして、**ARCore**があります。

ARCoreは、Google社が**スマートフォンでのAR作成用に提供しているプラットフォーム**です。AndroidおよびiOSデバイスに対応しており、従来は専用ハードウェアや高度な技術が必要でしたが、これにより手軽にAR開発ができるようになりました（図8-13）。

スマートフォンARの3つの技術

ARCoreは、**モーショントラッキング、環境理解、光源推定**の3つの主要技術から構成されています（図8-14）。

モーショントラッキングは、**スマートフォンの位置や動きを検出**して、仮想オブジェクトを適切に配置・動作させる機能です。

環境理解は、**カメラ映像から平面や角を検出**して、仮想オブジェクトを実際の物体の上に設置できるようにします。

光源推定は、**周囲の光の状態を推定**して、仮想オブジェクトにリアルな陰影を与えます。この3つの技術の組み合わせにより、臨場感のあるARが実現できます。

また、ARCoreのAPIを使うことで、これらの機能を簡単に実装することもできます。手間のかかるセンサー処理なども済ませられ、アプリケーション本体の作り込みに注力できるメリットがあります。

実際に、ARCoreはeコマースにおける製品体験や建設／製造分野でのARマニュアル、ゲームなど、さまざまな業界で活用が進んでいます。こうした手軽な開発環境があることによって、モバイルARの性能も一層向上していくでしょう。

| 図 8-13 | スマートフォンだけでARアプリケーションが作れる |

従来のARコンテンツ作成 → ARCoreによるコンテンツ作成

専用カメラや高度な開発技術が必要

デバイスのカメラやセンサーで周囲の環境を認識

仮想オブジェクトを現実世界に重ね合わせ

スマートフォンのみでARアプリケーションの開発が可能

| 図 8-14 | ARCoreの3つの技術 |

モーショントラッキング
仮想オブジェクトを適切に配置・動作させる

環境理解
平面や角を検出し仮想オブジェクトを実際の物体の上に設置できる

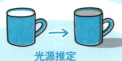

光源推定
周囲の光の状態を推定して、仮想オブジェクトにリアルな陰影を与える

Point

- ARCoreはスマートフォンでARを実現するためのプラットフォーム
- モーショントラッキング、環境理解、光源推定の3つの技術で成り立っている

やってみよう

Unityを使ってモバイルVRアプリケーションを開発しよう

Unityは、モバイルゲームやVRアプリケーションの開発に広く使われているゲームエンジンです。無料版も提供されているため、誰でも手軽に始められます。また、モバイルVRは、スマートフォンとVRゴーグルがあれば体験できるため、最も身近なVR体験の一つといえます。

Unityの公式Webサイトには、無料で学べる初心者向けのチュートリアルが豊富に用意されています。次のURL（https://learn.unity.com/）からアクセスできるので、試しにやってみましょう。

チュートリアルを始めるには、まずUnityアカウントを作成し、Unityエディタをインストールする必要があります。アカウント作成とインストールの手順は、チュートリアルの冒頭にある説明に従って進めてください。

このチュートリアルを通して、Unityを使ったモバイルVRアプリケーション開発の基礎を実践的に学ぶことができます。また、チュートリアルで作成したアプリケーションを手元のスマートフォンに展開すれば、自分で開発したVRアプリケーションを体験することもできます。

UnityでモバイルVRアプリケーションを開発するための基本的な手順

①Unity Hubをダウンロードし、最新バージョンのUnityをインストール。新規プロジェクトを作成し、3Dテンプレートを選択する

②VR開発用SDKをインストールする（Meta社の「Oculus Integration」やUnity社の「XR Interaction Toolkit」などがおすすめ）

③Player Settingsで「Virtual Reality Supported」にチェックを入れ、使用するSDKを選択する

④VRカメラやコントローラーなどの基本的なオブジェクトを配置し、シーンを構築する

⑤C#スクリプトを使いオブジェクト操作や相互作用の機能を実装する

⑥ビルド設定でターゲットプラットフォーム（AndroidまたはiOS）を選択し、アプリケーションをビルドする

⑦作成したアプリケーションをスマートフォンにインストールし、VRゴーグルで体験する

第9章

XRデバイスの技術と特徴

~より使いやすいデバイスへの進化~

9-1 .... Apple Vision Pro

≫ 革新的な臨場感を実現

人の眼の動きの追跡に長けたデバイス

Apple Vision Proは、ARとVRの中間に位置するMRデバイスです。その最大の特徴は、**高解像度の眼球追跡と視線追跡機能**にあります。この機能により、仮想空間のオブジェクトが目の焦点に合わせて鮮明に映るため、現実世界との境界をほとんど感じにくくなります。

さらに、**視線の動きに合わせてレンダリングする視線レンダリング**により、目の動きに合わせた自然な視界が再現されます（図9-1）。

Apple Vision Proは**4K超高解像度の双眼ディスプレイと120Hzの高フレームレート**を実現しています。細かい部分まで鮮明に表示でき、動きが滑らかになることで、仮想オブジェクトがよりリアルになり、臨場感あふれるXR体験を実現します。

また、広い視野角と高性能GPUによって、視界の際まで仮想空間に没入でき、高解像度・高フレームレートなレイトレーシングなどの最新の3Dグラフィックス技術を使った映像も、リアルタイムでレンダリングすることが可能です（図9-2）。

既存のフレームワークと連携できる

Apple Vision Proは、Apple社の既存のARフレームワークであるARKit/RealityKitと連携しています。ARKitは環境認識や仮想物体のレンダリング、カメラ映像との合成などの機能が備わっています。RealityKitでは、高品質な3Dグラフィックス描画やより動きを自然に見せるレンダリング、また複雑な3Dモデルの取り込みなども行えます。

これらのフレームワークを活用して、Apple Vision Proのアプリケーション開発に取り組むことができます。

| 図 9-1 | 眼球追跡・視線追跡と視線レンダリング |

眼球追跡

視線追跡

視線レンダリング
現実世界と仮想世界の境界が
ほとんどなくなり
高い臨場感が得られる

仮想オブジェクト
現実世界

| 図 9-2 | Apple Vision Proの特徴 |

4K 超高解像度の双眼ディスプレイ
120Hz の高フレームレート

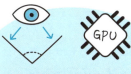
広い視野角と高性能 GPU

既存の AR フレームワークと連携できる

Point

- Apple Vision Pro は AR と VR を融合した MR デバイス
- 視線追跡と視線レンダリングにより、臨場感と没入感を実現
- ARKit/RealityKit といった AR フレームワークなどでもアプリケーション開発ができる

第9章 革新的な臨場感を実現

9-2 .... PlayStation VR2

≫ 高解像度のディスプレイによる深い没入体験

視覚と触覚をリアルに表現するPlayStation VR2

PlayStation VR2は、PlayStation 5と接続して使用するVRデバイスです。高解像度のディスプレイやユーザーエクスペリエンスの向上によって、没入感の高いVR体験を提供しています。

深い没入感を実現できる秘訣はヘッドセットにあります。まず、片眼の解像度が2,000×2,040の有機ELディスプレイ2枚が、最大120fpsのリフレッシュレートと、他のVR HMDには珍しい**4K/HDR**を実現しました。

有機ELは液晶のように黒が明るくなる黒浮きがない半面、最大輝度が低く明るい場所にいると見えづらい傾向があるため、PS VR2では光効率の悪いパンケーキレンズではなく、**フレネルレンズを採用**しています。また、**ライトシールドの鼻部分が2層**であることで、鼻の高さに関わらず光を遮断できるようになっています。

さらに、アイトラッキングやGPUの処理の軽減につながる**フォビエートレンダリング技術**も組み込まれています（図9-3）。額部分には内蔵モーターがあることで衝撃やスピード感がよりリアルに体験できるようにも工夫されています。

細かな振動の違いを表現するコントローラー

コントローラーにもいろいろな仕掛けがあります。まず、**微細な振動から強烈な衝撃まで幅広い感触を伝える**ハプティックフィードバックと、ボタンを押したときの**抵抗力をプログラムで調整できる**アダプティブトリガーが実装されています。また、**ボタンに触れるだけで指を認識する**フィンガータッチ機能も搭載されています（図9-4）。

これらの機能によって、武器や打撃の感覚、地面や水の感触などを表現し、ユーザーに深い没入感を提供しています。

図9-3　ヘッドセットの視界に組み込まれた技術

アイトラッキング

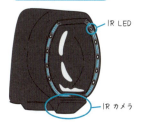

- 片眼あたり10個仕込まれたIR LEDから赤外線が照射される
- 反射をIRカメラが捉えることで瞳孔の位置を検出できる

フォビエートレンダリング

- 中心視野を高解像度、その周辺ほど低解像度で描写する技術
- GPUの処理を軽減する描画を実現できる

図9-4　コントローラーを支える機能

ハプティックフィードバック

- 振動を通じて触覚を伝えることができる機能
- 緩やかに脈打つような表現から強烈な衝撃まで幅広い感触を得ることができる

アダプティブトリガー

- トリガー部分にモーターとギアがあり、モーターによって動いたギアに連動したレバーがトリガーに接触する構造
- モーターの力によってレバーがトリガーを裏から押すことで抵抗力を与えている

フィンガータッチ

親指、人差し指、中指の部分に静電容量式センサーを仕込むことで、ボタンを押さなくても指を検知する。ジェスチャーを直感的に行えるようになる

Point

- PlayStation VR2ではヘッドセットやコントローラーに施された工夫によって、深い没入感を体験することができる
- HDRを表現することにこだわり、有機EL＋フレネルレンズを採用した

9-3 ハコスコ

手頃な価格で気軽に楽しめるゴーグル

手軽に楽しめるVRゴーグル

VR体験は、高価な専用ゴーグルが必要と思われがちですが、ハコスコのようなスマートフォンを使ったゴーグルなら誰でも手軽に楽しむことができます。

ハコスコは、**スマートフォンを装着する部分とレンズ部分から構成**された、非常にシンプルな構造です（図9-5）。ハコスコの魅力は、その安さと組み立ての簡便さにあります。500円前後という手頃な価格で購入でき、組み立てはレンズ部分と本体部分をつなげるだけなので、届いたその日からVRコンテンツを楽しめます。

スマートフォンに簡単なレンズをつけるだけで立体的に見えるしくみ

ハコスコを装着すると、**スマートフォンの画面が左右に分かれて映し出され、奥行きを感じる立体視の状態**になります。図9-6は、株式会社ハコスコが公開している実際のVR映像で、このしくみは人間の視覚的特徴を利用したものです。

人間は、左右の眼で少し視点のずれた映像を見ています。脳はその微小な違いから遠近感や奥行きを感じ取っているのです。VRゴーグルではこの原理を応用し、左右の眼に異なる映像を映すことで立体視を実現しています。

このような簡易的なVRゴーグルに使用されるレンズは凸レンズで、スマートフォンのディスプレイに映し出された画像を拡大し、ユーザーの眼に届く視覚的なイメージを大きく見せる役割を果たしています。

スマートフォンの画面自体は小さいため、そのままでは画面が近すぎて見にくいですが、レンズを使うことで画面全体が見やすいサイズに拡大され、まるで目の前に大きなスクリーンが広がっているような感覚を生み出します。

| 図9-5 | ハコスコのシンプルな構造 |

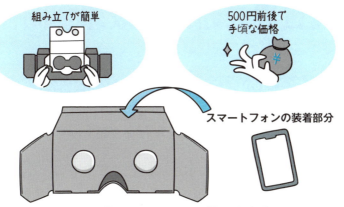

スマートフォンを装着する部分とレンズ部分から構成されている

| 図9-6 | 立体視のしくみ |

人間の眼の錯覚を応用し、左右の眼に異なる映像を映して立体的に見せている

Point

- ハコスコはスマートフォンとレンズを使ったシンプルな構造のVRゴーグル
- 人間の眼の錯覚を利用して、スマートフォンの画面から立体的な映像を体験することができる

9-4 .... Meta Quest

》 現実世界を超えた仮想空間

VR元年のきっかけになったデバイスが進化

Meta Quest（旧Oculus Quest）は、Meta社が開発・販売しているVRヘッドセットです。ユーザーの頭部の動きや身体の位置を**6軸方向で正確に追跡する**独自の技術を搭載しています。

このデバイスの登場により、家庭やオフィス、教育現場などでVRが身近なものとなりました。初代のOculus Riftが発売された2016年当初は、高性能なゲーミングPCと組み合わせることが必須でしたが、Meta QuestによってPCを使わずとも単体で利用できるようになりました（図9-7）。

ユーザーにも開発者にも新しい価値を提供する

Meta QuestシリーズのMeta Quest Proは、XRヘッドセットです。外部カメラを使い現実世界の映像にデジタル情報を重ね合わせることができます（図9-8）。Meta Questシリーズは、高解像度ディスプレイと先進のハンドトラッキング機能を備えています。

高解像度ディスプレイは、高密度のピクセル配列と高速なリフレッシュレートを実現するためにOLED（有機EL）技術を採用しており、**各ピクセルが自発光するため、高いコントラスト比と広い色域**を実現しています。ハンドトラッキング機能は、ヘッドセットに搭載された**複数の外部カメラとコンピュータビジョン技術**によって実現されています。カメラで捉えた手の画像をリアルタイムで解析し、手の位置や指の動きを高精度で認識できます。この処理には、**機械学習アルゴリズム**が用いられており、大量の手の画像データを用いて学習したモデルが、ユーザーの手の動きを素早く正確に検出します。これにより、コントローラーを使わない直感的な操作が可能になるのです。

さらに、Androidがベースで誰でもアプリケーションを開発・提供できるためコンテンツも豊富です。VR/AR/MRアプリケーションの市場が拡大する中、開発者に幅広い機会を提供するプラットフォームともいえます。

図9-7　**Meta Questの登場によりVRが身近なものに**

6軸方向の正確な追跡技術

比較的コンパクトで家庭用VRとして活用される

ケーブルレスのデバイス

高解像度ディスプレイとハンドトラッキング機能

図9-8　**XR体験を向上させるOLED技術とハンドトラッキング機能**

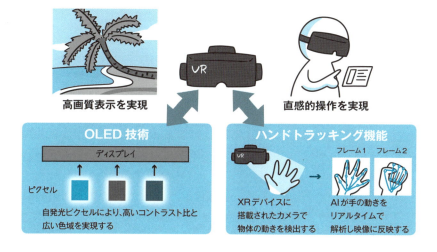

Point

- Meta Questは高性能なゲーミングPCが必要だったOculus Riftから、ケーブルレスで楽しめるように進化したVRヘッドセット
- Meta Quest ProはVR/ARを融合したMRヘッドセット

9-5 .... HTC VIVE

» 高品質のエンタープライズ向けVR

HTC VIVEシリーズとその歴史

HTC VIVEは、HTC社とValve社が共同開発したVRヘッドセットです（図9-9）。2016年に初代が発売され、**ルームスケールVR**（部屋内を自由に歩き回れるVR）の概念を確立しました。その後、プロフェッショナル向けのProや企業向けのFocusなど、多彩な商品群を展開しています。

HTC VIVEシリーズの特徴の一つに、**モジュール式VR**があります。これは、ヘッドセットの一部をモジュール化することで、ユーザーのニーズに合わせてカスタマイズできる設計のことを指します。このモジュール式設計により、用途や予算に応じて必要な機能を選択できます。

また、VRトラッカーやコントローラーなどの周辺デバイスも組み合わせることで、より満足度の高いVR体験を実現できます。

特徴の異なる4つのモデル

HTC VIVEシリーズには、近年多様なモデルが登場しています。それぞれの特徴は、次のようになります（図9-10）。

- VIVE XR Eliteシリーズ：VRとMRの両方に対応した**折り畳み式デバイス**。持ち運びができるVRグラスとしても機能する。
- VIVE Proシリーズ：VRゲームなどに適したヘッドセット。**高解像度のディスプレイと高性能なオーディオシステム**を搭載しているため、視覚と聴覚の両方から没入感を高める。
- VIVE Focusシリーズ：企業向けのスタンドアロン型VRヘッドセット。外部センサーなどが設置不要のため導入の手間を削減できる。
- VIVE Cosmosシリーズ：**ヘッドセットのフロント部分を跳ね上げて、ゴーグルの外を確認できる**フリップアップデザインを採用している。また、2種類のトラッキングに対応しており、**内側からも外側からもユーザーの動きを正確に感知して反映する**ことができる。

図9-9　HTC VIVEシリーズの歴史と進化

VIVE Pro 2

HTC VIVE　　HTC VIVE Pro　　VIVE Focus Plus　VIVE Cosmos Elite　　VIVE Focus 3　　VIVE XR Elite

VIVE Cosmos

VIVE Flow

2016年	2018年	2019年	2020年	2021年	2023年
ルームスケールVRの概念を確立	・高解像度と広視野角を実現 ・ベースステーション不要のスタンドアロン型VR	スタンドアロン型VRとモジュール式のVR	モジュール式のVR	・5K解像度と120Hz駆動を実現 ・エンタープライズ向け ・スタンドアロン型VRと軽量＆コンパクトな没入型	折り畳み式VR

図9-10　4つのモデルの特徴

VIVE XR Elite シリーズ

・折り畳み式のVR/MRデバイス
・持ち運びができるVRグラスとしても機能する

VIVE Pro シリーズ

高解像度のディスプレイを採用、音の奥行きや方向を細かく表現するオーディオシステムも搭載

VIVE Focus シリーズ

・企業向けのスタンドアロン型VRヘッドセット
・外部センサーなどの設置がいらず、導入の手間を削減できる

VIVE Cosmos シリーズ

・フロント部分を跳ね上げると、現実世界も見えるフリップアップデザインを採用したヘッドセット
・2種類のトラッキングに対応しており、内側からも外側からもユーザーの動きを正確に感知して反映できる

Point

- HTC VIVEは2016年からさまざまな用途に合わせたVRデバイスを展開している
- それぞれ持ち運びがしやすい、ゲームの映像や音響を立体的にさせる、企業向けに使いやすく単体で使える、フリップアップデザインを採用しているなど、特徴も多様である

9-6

Varjo社、Varjo XR-4

≫ 肉眼同等の視覚体験ができる MRヘッドセット

高い解像度を持つデバイスで没入体験

Varjo社は、2016年にフィンランドのヘルシンキで設立された企業で、設立当初から人間の視覚に匹敵する高解像度のVR/MRディスプレイの開発を目指し、これまで数々のXRデバイスをリリースしています（図9-11）。

2019年に発表されたVarjo VR-1は、当時のVRヘッドセットの解像度を大幅に上回る、**人間の眼に近い解像度を実現**しました。その後、2021年に発売されたVarjo XR-3では、高解像度ディスプレイに加え、高精細なパススルー映像を実現するため、**カメラ技術の強化**が図られました。

2023年にリリースされたVarjo XR-4は、これまでの技術を集約し、さらなる進化を遂げたMRヘッドセットなのです。

実用性の高いMRデバイスへの進化

Varjo XR-4は、産業用途に最適化されたMRヘッドセットです。片眼あたり4K解像度、合計で**約2,800万画素のディスプレイ**を搭載しており、**水平120度、垂直105度の広い視野角**を提供します。これにより、ユーザーは細部まで非常に鮮明な画像を体験でき、VR環境内でのテキスト読解や複雑なディテールの観察が容易になります。

また、Varjo XR-4は幅広い色域表示と輝度を提供し、よりリアルで鮮やかな色再現が可能です。特に**明るい色やハイライトのディテール**を表現することができます（図9-12）。

他にも、長時間の着用が可能なヘッドセットや、直感的な操作性を実現するコントローラーなど、実用性も重視した設計となっています。

このようなビジネス向けの最適化により、さまざまな産業分野でXRデバイスの活用が加速すると期待されています。

> 図9-11　Varjo社の歴史とデバイスの進化

2016年
Varjo社設立

2019年
・Varjo VR-1の発表
・人間の眼に近い解像度を実現

2021年
・Varjo XR-3の発表
・カメラ技術が強化

© Varjo

2023年
・Varjo XR-4の発表
・産業用途に最適化されたMRヘッドセット

> 図9-12　Varjo XR-4の特徴

広い視野角

水平120度、垂直105度まで幅広く見える

高解像度ディスプレイ

片眼あたり4K解像度で合計約2,800万画素

優れた色彩と明るさの表現

幅広い色域と高い輝度があり、明るい色やハイライトを精細に表現できる

Point

- Varjo XR-4は、産業用途に最適化されたMRヘッドセット
- Varjo社は会社設立当初から高解像度のデバイス開発に注力してきた

9-7 .... Microsoft HoloLens 2

》 自由自在な操作ができる ハンズフリーコンピュータ

ARの先駆者Microsoft社のHoloLens

Microsoft HoloLens 2 は、Microsoft社が開発したMRデバイスです。HoloLensプロジェクトは、2010年にMicrosoft社の内部開発として始まり、2016年に初代HoloLensが正式に発表されました（図9-13）。HoloLensは、**現実世界に3Dホログラムを重ね合わせて表示する**技術を採用しています。これは、空間認識や3Dマッピング、ジェスチャー認識などのAR技術の組み合わせにより実現されています。

その後、2019年にHoloLens 2が発表されました。独自のHoloLens 2チップセットによる強力な処理能力と、高精細なホログラフィックレンズを搭載した軽量のMRデバイスとして注目を集めました。

ハンズフリーで自然に仮想と現実を融合したデバイス

HoloLens 2の大きな特徴は、**ARとAIを高度に組み合わせている**点です。手や指、声、視線の動きを認識するセンサーと、クラウド接続による高度なAI処理により直感的かつ自由度の高い操作が実現しています。

ユーザーは手を使わずに、視線だけでホログラム操作ができます。この点において、HoloLens 2は**ハンズフリーのARコンピューティング**（現実の情報をセンサーで取得し、それをAIで解析・理解することで、現実世界に適切な情報を付加する技術）を体現しており、従来のデバイス操作の概念を一新しました（図9-14）。

さらに、生成AIを組み合わせることで、作業効率と情報アクセス方法を向上させる効果が期待できます。例えば、医療現場では、既存のマニュアルやベテラン作業者の知見をベースに、作業者の要望や質問に対して、その場の状況に応じたリアルタイムの回答をテキストや音声として生成します。これにより、リアルタイムの情報提供と効率的な作業進行を可能にします。

| 図9-13 | HoloLens 2発表までの流れ |

HoloLens プロジェクトの開始

2010年	2016年	2019年
Microsoft社の内部開発として始まる	・初代HoloLensの発表[出典1] ・現実世界に3Dホログラムを重ね合わせて表示する技術を採用 ・AR技術の組み合わせにより実現	・HoloLens 2の発表[出典2] ・強力な処理能力と高精細なレンズを搭載した軽量のMRデバイス

出典1 Microsoft「HoloLens（第1世代）ハードウェア」
　　　（URL：https://learn.microsoft.com/ja-jp/hololens/hololens1-hardware）
出典2 Microsoft「HoloLens 2」（URL：https://www.microsoft.com/ja-jp/hololens/hardware）

| 図9-14 | HoloLens 2の特徴 |

ハンズフリー操作

実際に鍵盤を触らなくても視線だけでピアノを弾くことができる

ARコンピューティング

声、視線、手の動きにもとづいて、適切なデジタル情報を現実世界に表示する

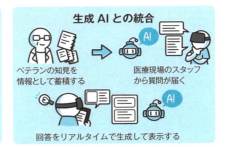

生成AIとの統合

ベテランの知見を情報として蓄積する
医療現場のスタッフから質問が届く
回答をリアルタイムで生成して表示する

Point

- Microsoft HoloLens 2は、ハンドトラッキングや視線追跡機能などのARコンピューティングとクラウド接続を通したAI処理を高度に組み合わせたMRデバイス
- ハンズフリー操作を体現し、従来のデバイス操作の概念を一新

やってみよう

XRデバイスを試してみよう

　XRデバイスを実際に体験してみることは、XRの特性を理解するうえで非常に重要です。しかし、最初から高価な機器を購入するのは「ハードルが高い」と感じる方も多いでしょう。そこで、まずは低価格のVRデバイスから試してみましょう。

　次のデバイスは、手頃な価格で気軽にVRを体験できるおすすめのモデルです。

タタミ2眼

出典：ハコスコ公式HP（URL：https://hacosco.com/vr-goggle/）

　9-3でも紹介したハコスコから販売されているカードボード型のVRゴーグルです。段ボール製でスマートフォンを差し込むことによって簡単に使用できます。また、2眼タイプのため視点が集約しやすく、視認性の高いゴーグルという点も特徴です。

　デバイス購入前に一度XR特有の没入感を体験してみたい場合は、施設利用もおすすめです。

　施設では、専用のゴーグルを装着して仮想世界を体験できます。初めてでも安心して楽しめるよう、スタッフが使い方からサポートしてくれるため、操作が不安でもVR酔いが心配でも快適に体験することができます。

第10章

進化を続けるXR

～業界別の実用例と今後の可能性～

10-1 イメージ共有、トレーニングと研修の効率化

» 製造業におけるXR活用

VRを活用した正確なイメージ共有

　製造業では、製品の開発から生産、メンテナンスに至るまで、さまざまな場面でXR技術が活用され始めています。例えば、製品のデザインや仕様を正確に共有することは、製造業にとって非常に重要な業務の一つですが、紙面や口頭での説明ではイメージの齟齬が生じやすく、実際の製品と異なる認識を持ってしまう課題がありました。

　このような**イメージ共有**にまつわる課題をVR技術で解決することができます。図10-1は、三菱重工業株式会社が発表したVRを用いたプラント製品のレビュー映像です。**仮想空間に3Dモデルを表示し、関係者全員が同じ視点で製品を確認**することができれば、デザインレビューの精度が向上し、製品の問題点や改善点を早期に発見することができます。

　また、自動車メーカーでは、VRを活用して新車の内装を確認し、細部のデザインや操作性を実際に試すことができます。試作品を物理的に作成する前に多くの課題を解決できるため、試作コストや修正にかかる時間を大幅に削減できるのです。

安全に質の高い学びを得られる人材育成環境

　その他にも、作業者の**トレーニングと研修の効率化**を図るためにAR/VR技術が活用されています。製造業では、専門的な知識や高度な技術を求められるため研修期間中に実践的な経験が求められます。

　VRを用いて仮想空間で研修を行えば、作業者は実際の設備を使用することなく、安全に技術を習得できます。図10-2は、イマクリエイト株式会社と株式会社コベルコE＆Mが共同開発した、VRを用いた溶接の技術習得コンテンツ「ナップ溶接トレーニング」の作業画面です。ここでは、**熟練者の技術をリアルタイムで学ぶ**ことができ、練習用の材料費や設備費を削減しつつ、効果的なトレーニングが実現します。

図10-1 イメージの共有が容易になる

仕上がりのイメージを3Dモデルで可視化することで同じ認識を持てる

出典：三菱重工業株式会社「三菱重工技報 Vol.55 No.2(2018)新技術特集」
（URL：https://www.mhi.co.jp/technology/review/pdf/552/552023.pdf）

図10-2 仮想工場を作り安全に研修を行える

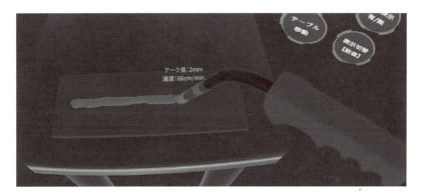

・仮想空間で研修を行うことで安全に技術を習得できる
・普段は見えにくい熟練者の手元の動きも間近で確認できる

出典：イマクリエイト株式会社「仮想空間で溶接の技術習得を行う「ナップ溶接トレーニング」の機能を追加」
（URL：https://prtimes.jp/main/html/rd/p/000000052.000034298.html）

Point

- 製造業では、VR技術がデザインレビューの精度向上に寄与する
- 仮想空間で研修を行うことで練習用の材料費や設備費を削減できる

第10章 製造業におけるXR活用

217

10-2　　　　　　　　　　　　　　　　　　認知症予防、医学教育

》 医療業界におけるXR活用

認知症の予防や精神的健康支援

　医療業界では、手術支援や訓練、精神的健康支援、遠隔診療などさまざまな形でXRが活用されています。

　例えば、**認知症予防**やリハビリテーションでは、仮想空間での体験が患者の運動能力や認知能力を向上させてくれます。VR空間内で野菜の収穫や料理などのタスクを消化するゲームでは、手や腕を動かして野菜を収穫したり、料理の材料を切る動作により、楽しみながら運動能力を向上させることができます。また、野菜の名前を覚えたり、レシピを思い出したりするタスクを通して、記憶力や認知能力の維持・向上にも役立ちます。こうして患者は仮想空間の中で、**ゲームのような体験を通じて楽しく運動を続ける**ことができ、リハビリテーションの効果が高まります（図10-3）。

　精神的健康支援においても活用されています。不安障害や恐怖症の治療では、患者は安全な仮想環境の中で、恐れや不安を徐々に克服していくことができます。また、リラックスできる仮想環境の中で、美しい景色や自然の中を歩きながら、ストレスを軽減して安心感を得ることもできます。

医学教育とトレーニングの革新

　医学教育においても、仮想空間に臨床的なシナリオを再現することで、実際の状況に近い環境で学習することが可能です（図10-4）。

　例えば、仮想空間内で患者の症例を再現し、**診断や治療方針の決定を練習する**ことができます。学生は、患者の症状や検査結果などの情報を収集して診断を下す過程を仮想的に体験できます。

　さらに、緊急対応が必要な場面のシミュレーションも可能です。例えば、心肺停止状態の患者に対する蘇生措置や、大量出血時の止血処置など、実際の現場で遭遇する可能性のある**緊急事態を仮想空間内で再現**し、適切な対応を学ぶことができます。また、仮想手術室でベテラン医師の手技を疑似体験することもでき、技術の向上が図れます。

| 図10-3 | 認知症予防に効果的なVRゲーム活用 |

運動能力の向上①　野菜の収穫

手や腕を動かして野菜を収穫する

認知能力の向上①　名前を記憶する

野菜などの名前を覚えて思い出す

運動能力の向上②　料理のタスク消化

料理の材料を切るなど調理をする

認知能力の向上②　より多くの内容を記憶する

料理のレシピを最初から最後まで思い出す

| 図10-4 | VRを活用した医学教育 |

医学教育①　診断のシミュレーション

仮想診察室で問診や身体検査の練習を行う

医学教育②　緊急対応のシミュレーション

実際の現場で遭遇する可能性のある緊急事態の適切な対応を学ぶ

医学教育③　手術のシミュレーション

仮想手術室でベテラン医師の手技を見ながら練習する

Point

- 医療業界では、VRを活用することで継続的なリハビリテーションが期待できる
- 医学教育では、仮想空間内で患者の症例を再現し、実際の状況に近い環境で学習できる

建設・不動産業界における XR活用

街の再開発イメージを共有

建設・不動産業界では、設計初期のプランニング、施工管理、メンテナンス、都市開発事業、物件の内見・販売などでXRが活用されています。

例えば、駅前の**再開発**プロジェクトで、市民への説明や合意形成にVR技術が用いられています。再開発後の様子を仮想空間に作成し、その仮想空間を自由に見て回ることで、**設計図だけでは把握しづらい実際の仕上がりを具体的にイメージ**でき、市民や関係者との合意形成をスムーズに進めることにつながります（図10-5）。

また、関係者との情報共有を円滑に進めるために、3D CAD（コンピュータ上で3次元の設計データを作成するソフトウェア）やBIM（建物の3Dモデルに部材の仕様や性能、コストなどの属性情報を付加した建物情報モデルを作成する手法）で作成されたデータを自動変換し、手軽にARを用いたレビューやプレゼンテーションができるツールもあります。

3D CADやBIMで作成された3DデータをARで可視化することで、その場で関係者とデザインの検討や変更を行ったり、施工業者が現場でARを用いて設計データと現実の建物を照合し、施工の精度を確認したりすることが可能になります。

VR内見であらゆることが効率化される

また、仮想空間にモデルルームを作成することで、完成前のマンションの中などを見て回る**VR内見**も可能です。実在する家具のCGを配置し、家族や販売員と一緒にVR空間を歩き回ることで、よりリアルなイメージを共有できます（図10-6）。他にも、営業担当者が事務所にいながらにして、顧客とリモートで内見を行ったり、賃貸物件の場合は、複数の部屋をVR上で内見し、比較検討することも可能です。場所や時間の制約を受けずに内見を行うことができるようになり、さらに地方から上京する際など、遠隔地からでも詳細な物件情報を確認できます。

| 図10-5 | 再開発イメージを体験してもらう |

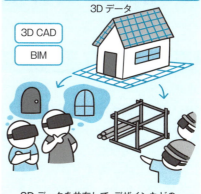

| 図10-6 | VR内見の様子 |

Point

- 建設業界では、街の再開発でVRやARが使用される
- 不動産業界では、賃貸や完成前の建物の内見がVRで行われる

10-4 ·················· 新たなショッピング体験、業務改善と人手不足の解消

» 小売業におけるXR活用

ARの仮想商品を通じた新たなショッピング体験

小売業ではXR技術の活用により、オンラインショッピング、試着、商品展示、個別提案など**新たなショッピング体験**を生み出しています。例えば、ファッションブランドのARアプリケーションでは、利用者がスマートフォンのカメラを使って自分の体形を計測し、**仮想的に洋服を試着する**ことができます。さまざまなデザインや色、サイズの服を組み合わせ、自宅にいながら自分に合った服が選べます。

また、スポーツ用品メーカーのARアプリケーションでは、ランニングシューズの**機能を画面上に表示させる**などの活用方法があります。図10-7は、アディダス ジャパン株式会社がランニングシューズ『energy boost』の商品PR用ツールとしてリリースしたARアプリケーション「adidas AR」の表示画面です。シューズの3Dモデルを表示し、クッショニングやサポート性能などを詳しく説明することで、消費者が商品の特徴を直感的に理解できるようになります。

業務改善や人材不足の解消

米国のスーパーマーケットでは、VRを使った社員教育を導入し、トレーニングの効率向上と業務負担の軽減を図っています。

例えば、ブラックフライデーなどの店内が混雑する大規模イベントに備え、従業員がVRで**仮想的に顧客対応をシミュレーションする**ことで、実際の現場でも落ち着いて対応ができるようになります（図10-8）。

さらに、コンビニエンスストアでは、**VRとロボットを使った遠隔操作**による店内業務が試験的に導入されています。店内に設置されたロボットのカメラ映像をVRで360度モニタリングし、遠隔で商品陳列や検品を行うことで、効率的な店舗運営を実現することにつながります。

このような技術により、**業務改善や人手不足を解消**し、少ない人員でも高品質なサービスを提供することが可能となります。

図10-7　スポーツ用品メーカーのARアプリケーション

スマートフォンをランニングシューズにかざすと、各パーツの機能特徴を閲覧することができる

出典：アディダス ジャパン株式会社「最先端ARを駆使したadidas公式アプリ『adidas AR』をリリース!!」
（URL：https://prtimes.jp/main/html/rd/p/000000001.000007075.html）

図10-8　VR研修の様子

小売業の研修①　顧客対応

従業員が混雑時の顧客対応など、事前にシミュレーションを行うことができる

小売業の研修②　遠隔操作

ロボットのカメラ映像をVRでモニタリングしながら、商品陳列や検品を行うことができる

Point

- 小売業では、ARを活用して新たなショッピング体験を提供
- 消費者だけでなく、従業員の業務改善や人手不足の解消にも役立つ

見せ方・楽しみ方の多様化

エンターテインメント業界におけるXR活用

既存のテーマパークに新たな価値を

　エンターテインメント業界では、ゲーム、ライブ、美術館、展示会、テーマパークなどの幅広いシーンで活用され、**多様な見せ方や楽しみ方**のアイデアが登場しています。

　例えば、テーマパークのジェットコースターを仮想空間に再現することで、**自宅にいながらVRを通じて乗車体験をする**ことができます。さらに、実際に観覧車のゴンドラに乗る際もMRヘッドセットを装着することによって、**現実の風景とCG映像が合成された新しい景色**を楽しめるという体験も提供できます。図10-9は、株式会社ハシラスが開発・提供している『XR観覧車』で見ることができる映像です。

　このようにXR技術を取り入れることによって、アトラクションに誰でも乗車でき、新たな楽しみ方も加わることで、よりテーマパークの持つオリジナリティを強めることもできるのです。

現実では表現が難しい自由度の高い展示空間

　文化・芸術分野でもXR技術の活用が進んでいます。仮想空間で新しい鑑賞体験を提供するための発信拠点を設置することが可能です。

　この空間では、美術鑑賞や企画展が行われ、ファン同士のコミュニケーションを取ることも可能です。エントランス、ギャラリー、コミュニティスペース、シアターといった空間アセットを組み合わせて、現実では表現が難しい自由度の高い展示空間やコミュニケーション空間を構築することが可能です（図10-10）。

　例えば、絵画や彫刻などの伝統的なアート作品を、**3D空間内で立体的に展示**することで、鑑賞者は作品の周りを360度自由に歩き回り、さまざまな角度から細部まで鑑賞することができます。

　また、**作品の制作過程をVRで再現**し、アーティストの創作の軌跡をたどる体験型の展示も実現できます。

図10-9　XRでテーマパークにさらに付加価値が加わる

MRヘッドセットを装着すると現実の風景とCG映像が合成される

出典：株式会社ハシラス「あらかわ遊園の歴史ある観覧車が最新XRエンタメ化！」
（URL：https://prtimes.jp/main/html/rd/p/000000029.000032990.html）

図10-10　VR美術館の様子

VR美術館①　立体的な展示

360度どの角度からでも美術品を楽しむことができる

VR美術館②　体験型の展示

作品の制作過程をVRで再現し、アーティストの創作の軌跡をたどることができる

Point

- テーマパーク内でも自宅でもアトラクションを楽しめる活用方法がある
- 現実では表現が難しい方法で作品を展示することや、制作過程など作品以外の内容も見せることができるようになる

10-6 .... 3D映像を用いた授業

教育業におけるXR活用

生徒の能動的な学びを促し意欲を高める

　教育業では、教育の質を向上させるだけでなく、生徒の学習体験を豊かにして興味を引き出すための手段にもXRは活用されています。

　教育業におけるXR技術の活用は、2020年のパンデミックをきっかけに急速に普及しました。Zoomなどのビデオ会議ツールを用いた授業では、生徒の集中力が続かない課題がありました。

　そこで、3D映像を用いた授業を実施することで、生徒の興味を引き、能動的に学習する環境を作ることができます。臨場感のある3D映像は、口頭や文章だけでは伝わりにくい内容を理解しやすくするため、教材コストも削減できます（図10-11）。2024年9月現在、対面授業に戻りつつありますが、一部の学校や学習塾ではこのようなリモート授業を継続しています。

特殊な環境での学習

　XRを用いた授業の一例で、生徒は通常の教室では実現できない特殊な環境を仮想的に体験することができます（図10-12）。

　例えば、宇宙空間を仮想的に作ることで、惑星や星座を近くで観察することができるようになります。XR技術の高い表現力により、星の明るさや色の違い、天の川の構造や銀河間の距離なども詳細に見ることができます。惑星の公転や自転、日食や月食といった天文現象のメカニズムも、仮想空間内でシミュレーションして学ぶことが可能です。

　化学実験では、毒性の高い物質を扱う実験や爆発の危険性がある実験、また放射性物質を用いた実験や極低温・高温・高圧下での実験は、安全性やコストの問題から実際に試すことが難しい場合があります。

　XR技術を使えば、危険な薬品を扱う実験や、通常の実験室では再現できない規模の反応を仮想空間で体験することで、安全に実践的な理解を深めることが可能になります。

| 図10-11 | 3D映像を用いて生徒の集中を持続させる授業 |

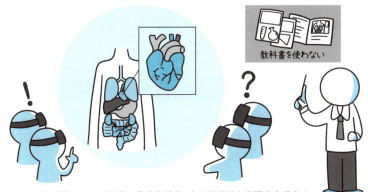

・3D映像によって生徒の興味を引くことで能動的な学習を実現する
・教科書では伝わりにくい内容理解を促進しながら、教材コストも削減できる

| 図10-12 | パンデミック後の学習環境の変化 |

XRの授業① 特殊な環境での学習

宇宙空間など教科書だけでは理解しきれないテーマを体験型学習に落とし込める

XRの授業② あらゆる実験

安全性やコストの問題から実際に試すことが難しい実験もできる

Point

- 教育業におけるXR技術の活用は、2020年のパンデミックをきっかけに急速に普及した
- XRを用いたリモート学習では、生徒の能動的な学習を促すことが可能
- XRを活用すれば通常の教室では実現できない特殊な環境で体験型学習が実現できる

10-7 ······· エンゲージメント向上、研修のゲーム化

≫ 飲食業界におけるXR活用

顧客との新たな接点を作る

　飲食業界では、従業員の研修トレーニング、店舗体験、プロモーション、ARメニューといった教育、顧客体験、マーケティングなどが多岐にわたるシーンで活用されています。

　株式会社モスフードサービスでは、VR上に仮想店舗を設置し、顧客がVRヘッドセットを使用してハンバーガー作りを体験できるイベントを開催しました（図10-13）。このような取り組みは、単なる製品提供だけでなく、顧客との新しい接点を生み出すことができ、自社のファンを増やす活動につながります。結果として、売上向上にも寄与していきます。

　さらに、**メタバース内にバーチャル店舗を立ち上げ**、リアルの店舗と同じように商品を見ながらスタッフの接客を受け、商品を購入することも可能です。来場者は、メタバース内で自分のアバターを操作し、他のアバターと交流しながら、チャットなどを通じて商品を選ぶことができます。

　このように、現実の店舗とは異なる新しい顧客体験を提供し、ブランドとの接点を増やすことができます。また、現実の店舗に来店しにくい顧客との接点を作ることもできるため、エンゲージメント向上や新たな顧客層の獲得にもつながります。

研修を楽しい時間にすることで効果的にスキル取得ができる

　従業員へのアプローチの面では、VRが活用されゲームのように行える研修が用意できます。あるファストフードチェーンでは、従業員がVRを通じてフライドチキンの調理方法を学べる研修プログラムを導入し、実際のキッチンでのトレーニング時間が大幅に短縮されました。

　VRのゲーム的な要素を取り入れることで、研修自体が楽しい体験となるように設計されています。これにより、従業員の学習意欲を高め、効率的かつ効果的にスキルを習得することが可能になります（図10-14）。

図10-13　仮想空間でハンバーガーを作る体験

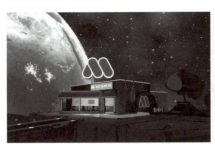

仮想空間で新たな顧客接点を作り、エンゲージメントを高める体験を提供する

出典：株式会社モスフードサービス「モスバーガーがメタバース上の"月面空間"に出店！？初の仮想店舗「モスバーガー ON THE MOON」が9月14日にオープン」
（URL：https://prtimes.jp/main/html/rd/p/000000165.000075449.html）

図10-14　従業員の研修プログラムをVRで行う様子

VRのゲーム的な要素を取り入れることで、研修自体が楽しい体験になる

Point
- 顧客との新しい接点をXRを通じて作ることでファンを増やす
- 従業員の研修プログラムをVRで行い研修自体が楽しい体験になることで効率的に学べる

10-8 … ハードウェアとソフトウェアの進歩、高速通信技術とセンサー技術の発展

» XRの発展に必要な要素①

ハードウェアとソフトウェアの進歩がもたらすXRの未来

日常生活やビジネスに大きな変革をもたらす可能性を秘めるXR技術には、ハードウェアとソフトウェアの進歩が欠かせません。

ハードウェアが進歩すると、ディスプレイ解像度の向上により、鮮明で現実に近い映像が提供され、ユーザーの視覚的な満足度が大きく向上していきます。また、デバイスの軽量化とバッテリー寿命の延長は、長時間のXR体験を可能にし、ユーザーの身体的な負担も軽減してくれます。

一方、ソフトウェアの進歩にも目覚ましいものがあります。リアルタイムレンダリング技術やトラッキング精度の向上、AIの併用による、より自然なXR環境の構築が期待されています。

高度なレンダリング技術は、写実的で没入感のあるグラフィックスを提供し、視覚的な没入感をさらに高めます。また、AIもかけ合わせることにより、ユーザーの行動や好みに応じて最適化されたXRコンテンツが提供できるようになるかもしれません。

これらのハードウェアとソフトウェアの進歩は、互いに影響し合いながらXR技術の可能性を大きく広げていきます（図10-15）。

高速通信技術とセンサー技術の発展がXR体験を革新

5G・6Gなどの高速通信技術の発展は、低遅延かつ大容量のデータ通信を可能にし、場所を問わずシームレスなXR体験を提供できます。遠く離れたユーザー同士がXR空間で協働作業を行ったり、リアルタイムで情報を共有するためには、高速通信技術の発展が必要です。通信技術が発展すれば、大容量のXRコンテンツをクラウドから瞬時に取得でき、常に最適化された状態のXRアプリケーションを利用できるでしょう。

さらに、高精度なトラッキング、触覚フィードバックなどのセンサー技術の進歩も重要です。現実と同じ動作で、仮想空間の物体を手でつかんで移動させたり、目線だけでの操作ができるようになります（図10-16）。

図10-15　ハードウェアとソフトウェアの進歩

ハードウェアの進歩

ディスプレイ解像度

デバイスの軽量化

バッテリー寿命の延長

- エンタメ
- 教育
- 医療
- 製造業

・高度で自然なXR体験ができる
・さまざまな分野でのXR活用が加速

ソフトウェアの進歩

リアルタイムレンダリング

トラッキング精度

AIの併用

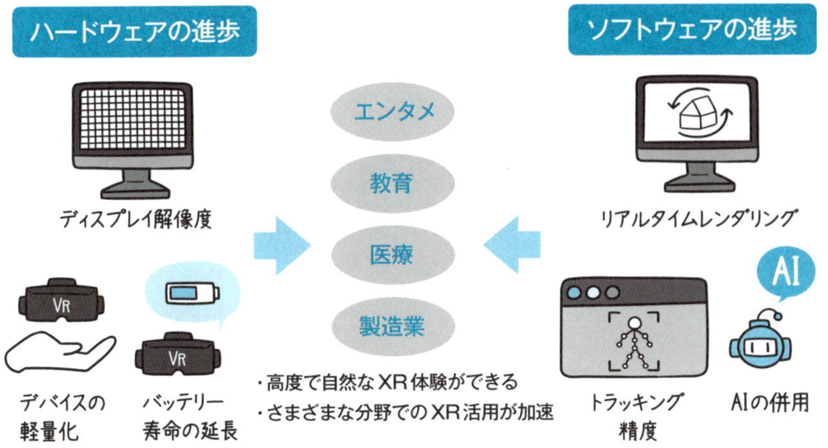

図10-16　高速通信技術の発展とセンサー技術の進歩

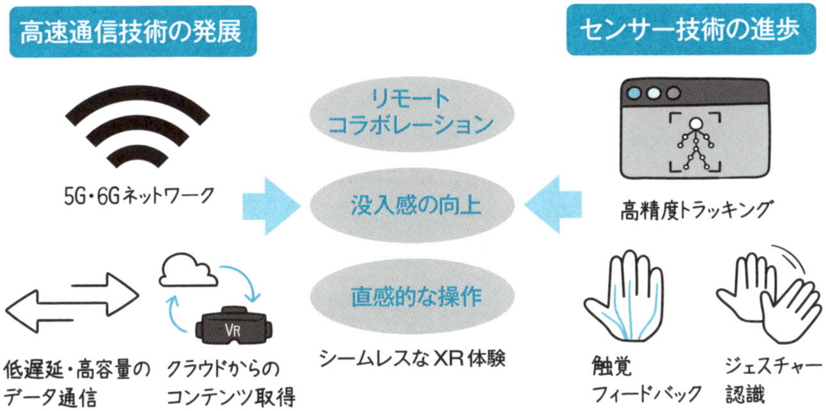

高速通信技術の発展

5G・6Gネットワーク

低遅延・高容量のデータ通信　クラウドからのコンテンツ取得

- リモートコラボレーション
- 没入感の向上
- 直感的な操作

シームレスなXR体験

センサー技術の進歩

高精度トラッキング

触覚フィードバック

ジェスチャー認識

Point

- ハードウェアとソフトウェアの進歩が相互に影響し合い、XR技術の活用の幅を広げる
- 5G・6Gなどの高速通信技術の発展により、場所を問わずシームレスなXR体験が可能になる

10-9 … XRリテラシー向上、法整備とガイドラインの確立、クリエイター育成

XRの発展に必要な要素②

リテラシーの向上と法整備の必要性

　日常に浸透しつつあるXR技術は、その社会的な影響について考慮していく必要があります。XR技術を適切に活用し、その恩恵を最大限に引き出すためには、社会全体の**XRリテラシーの向上**と**法整備およびガイドラインの確立**が不可欠です（図10-17）。

　XR技術が社会に広く受け入れられるためには、まずXRリテラシーの向上が鍵となります。教育現場へのXR導入では、学生たちがXR技術に触れる機会を増やしつつ、その可能性と限界について学ぶことができる環境が必要でしょう。これは、将来のXR技術の発展を担う人材の育成にもつながります。

　また、XR体験の普及を通じて、XR技術に対する正しい理解と活用法を社会全体で育むことで、発展と普及を促進できます。

　一方で、技術の発展に伴い、**プライバシー保護、安全性確保、倫理的配慮**などに関する課題にも対処していく必要があります。XR空間内での個人情報の取り扱いや、XR体験中の事故防止、仮想空間内での倫理的な振る舞いなどについて、明確なルールを定めることが求められます。

XRクリエイター育成

　XR産業のさらなる発展には、優秀な人材の育成も重要です（図10-18）。専門知識とスキルを持った**クリエイターを育てる**ためには、大学などの教育機関でXR専門の教育を拡充することが手段の一つとして挙げられます。そのような施策によって、XR産業の中核を担う人材を体系的に育成することができるでしょう。また、企業や政府が主導するスキルアップのための支援制度を整備することで、既存のクリエイターがXR分野に参入しやすくなります。

　XR産業の発展を支える多様な人材を育成し、確保していくことが非常に重要なのです。

図10-17　XRの適切な活用方法への理解を育む

XRリテラシーの向上

教育現場でのXR導入

一般市民へのXR体験の普及

健全な発展と普及

社会的受容の促進

XR技術の適切な活用と恩恵の最大化

法整備とガイドラインの確立

プライバシー保護

安全性確保

事故防止

図10-18　XRクリエイター育成の重要性

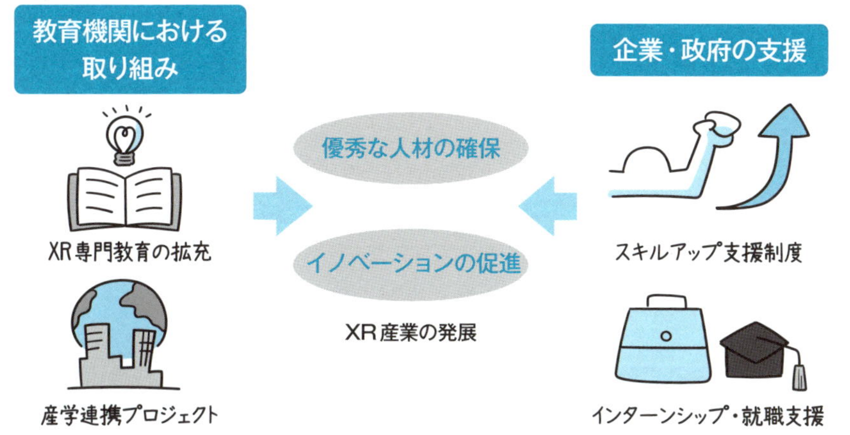

教育機関における取り組み

XR専門教育の拡充

産学連携プロジェクト

優秀な人材の確保

イノベーションの促進

XR産業の発展

企業・政府の支援

スキルアップ支援制度

インターンシップ・就職支援

Point

- 社会全体のXRリテラシー向上のため、教育現場でのXR導入や一般市民へのXR体験の普及が重要
- 教育機関や企業／政府主導のスキルアップ支援制度の整備により、XR産業の中核を担う多様な人材の育成と確保が必要

やってみよう

XRによって変化するこれからの社会を想像してみよう

　本章では、業界別のXR技術活用例とその可能性について解説してきました。私たちの身の回りで、XR技術が活用される場面が増えてきていることが理解できたと思います。

　最後に、これからXR技術によって変化する未来について想像してみましょう。まずは、業界の整理です。製造、医療、建設・不動産、小売り、エンターテインメント、教育、飲食などの各業界の活用例を紹介しましたが、その他の業界でもXR活用が期待できます。XRによって今後、成長が見込めそうな業界を自由に書き出してみましょう。

業界を書き出してみよう
例：広告業界

　次に、それらの業界での活用方法を書き出してみましょう。

活用方法を書き出してみよう
例：XR空間内での広告出稿

用 語 集

[※「➡」の後ろの数字は関連する本文の節]

数字・アルファベット

3DoF (➡2-7)
動作トラッキングのレベル。頭部の動きに限定され、X軸、Y軸、Z軸の3つの回転運動に対応する。

3Dスキャニング (➡5-2)
オブジェクトの立体構造をデータとしてコンピュータに認識させる技術。接触式スキャナーと非接触式スキャナーの2種類がある。

3次元音声処理技術 (➡5-17)
現実的な音響を再現する技術。バイノーラル録音とHRTFの主に2種類の方法がある。

6DoF (➡2-7)
動作トラッキングのレベル。頭部の回転に加え、身体の移動も含む6つの動きに対応する。

AR (➡1-1)
Augmented Realityの略称。スマートフォンなどで撮影した映像に、デジタル情報を重ねて表示する技術。

CPU (➡3-8)
Central Processing Unitの略称。コンピュータの中心的な処理装置。コンピュータの指令を読み取り、解析し、実行する役割を持つ。

Depth scaning (➡5-4)
仮想空間の奥行きを計測するために使われる技術。ToF、Structured light、LiDARの3種類がある。

Depthセンサー方式 (➡2-8)
赤外線を使い、手の立体形状を認識するハンドトラッキングの方式。

Diffusion Model (➡7-11)
画像データの拡散過程を学習した画像生成AIモデル。

DNN (➡5-12)
大量の音声データから自然な発音の特徴を学習し、テキストから音声を生成する技術。

FBX (➡7-1)
3Dモデルやテクスチャなど、3Dデータの構成要素を1ファイルに保存できるフォーマット。

GAN (➡5-12)
2つのAIが競い合うことで、よりリアルな音声を生成する技術。

Gaussian Splatting (➡5-18)
2D画像内の各ピクセルを3D空間上に点として配置し、各点にガウス関数を適用することで、点の周囲にスプラットという形状を生成・合成して滑らかな3Dモデルを構築する技術。

GI (➡6-10)
Global Illuminationの略称。空間全体に影響する照明効果を計算した陰影と光の反射を再現する技術。

glTF (➡7-1)
Webブラウザ上での3Dグラフィックス表示を考慮した軽量のフォーマット。

GPU (➡3-8)
Graphics Processing Unitの略称。画像やビデオの処理を得意とするコンピュータの部品。

GPUシェーダー (➡6-7)
3Dオブジェクトの描画プロセスをカスタマイズし、高速に処理を行いながら、複雑な描画表現ができる技術。

IK (➡6-9)
Inverse Kinematicsの略称。末端の部位の位置を先に決め、その位置から手前の部位の座標を逆算する動作を表現する技術。

IMU (➡2-9)
加速度センサーとジャイロセンサーを組み合わせた装置。加速度センサーは物体の動きを、ジャイロセンサーは回転や角度の変化を検知する。

Inside-Outトラッキング方式 (➡2-9)
ベースステーションという基準点から発信される赤外線や電波を利用して正確な位置を測定し、位置情報をもとにIMUの誤差の補正を行う方式。

LOD (➡6-6)
Level of Detailの略称。視点からの距離に応じて3Dモデルの精度を自動的に調整する技術。

MPEG-DASH (➡5-9)
通信環境に合わせて、最適な画質や解像度の動画を自動的に選択して配信する技術の国際標準規格。

MR (➡1-1)
Mixed Realityの略称。現実世界に付与した仮想のデジタル情報を操作することができる技術。

Nearcast (➡4-6)
位置情報にもとづいて同期する頻度を変える手法。近くのユーザーを優先し、遠くのユーザーは同期の頻度を落とす、または同期しないようにする。

Near-Eye Light Field Display (➡5-8)
レンズアレイを用いて目の前に仮想オブジェクトが存在するかのように描画するディスプレイ。

NeRF (➡5-18)
Neural Radiance Fieldsの略称。ニューラルネットワークを活用して3Dモデルを作成する技術。

NPU (➡2-6)
Neural Processing Unitの略称。AI演算プロセッサ。複数のAI処理を同時に行うことにより、機械学習に関わる計算処理を高速化することができる。

Outside-Inトラッキング方式 (➡2-9)
複数のカメラを外部から追跡することで動作情報を取得し、IMUの計測誤差を補正する方式。

PLY (➡7-1)
点群データを保存するフォーマット。

PPD (➡2-5)
Pixels Per Degreeの略称。ユーザーが見ている映像の精細さや解像度を表す指標。人間の視野における1度の角度にどれだけの画素が含まれているかを表す。

PTZカメラ (➡4-8)
Pan/Tilt/Zoom制御カメラの略称。パン（水平方向の回転）、チルト（垂直方向の回転）、ズームの3つの動作を電子制御で自在に行えるカメラシステム。

SLAM (➡5-4)
Simultaneous Localization and Mappingの略称。瞬時に位置情報を特定しながら地図を作成する技術。

TCP (➡4-5)
Transmission Control Protocolの略称。データ通信における信頼性の確保を重視したプロトコル。

UDP (➡4-5)
User Datagram Protocolの略称。通信の即時性を優先するプロトコル。

UVマッピング (➡6-4)
3Dモデルの形状を2D平面上に展開し、テクスチャ画像を配置して元の3D形状に貼りつけることで、ひずみのないテクスチャリングを行う手法。

VPS (➡5-1)
Visual Positioning Systemの略称。周囲の環境をカメラ

で撮影し、その画像をもとに向きや方角などの位置情報を把握する。

VR （➡1-1）
Virtual Reality の略称。仮想空間の中に自分自身が入ったような感覚を与える技術。

VRM （➡4-7）
アバター専用の共通フォーマット。

VRS （➡5-6）
Variable Rate Shading の略称。画面上の領域ごとに異なるシェーディングの品質を設定できる機能。

WebRTC （➡5-10）
Web Real-Time Communication の略称。Web ブラウザ間でリアルタイム通信を実現する一連の API。

XR （➡1-1）
現実に存在しないモノを3次元のデジタル映像で再現し、デバイスを通じて、目の前に存在しているかのように見せるバーチャル技術の総称。

あ行・か行

アイトラッキング （➡3-5）
人間の目の動きや注視点を検出して解析する技術。

アバターフェイスアニメーション （➡5-14）
AIを使ってアバターの表情や口の動きをリアルタイムに生成する技術。

アバターリップシンク （➡5-13）
アバターの口元を動かす技術。

インスタンシングステレオレンダリング （➡5-7）
同じモノの描画を1度のコールで行う技術。

動き補償 （➡5-11）
各フレームの前後で対象となる物体が、どちらにどの程度動いたかを考え、データを圧縮する技術。

オーディオレイトレーシング （➡5-17）
音が発生してから音波が耳に届くまでの過程を物理法則にもとづいてシミュレーションする技術。

オクルージョン （➡6-3）
オブジェクト同士の重なり関係を考慮し、見えない部分を隠すことで奥行き表現を強化する技術。

空間マッピング技術 （➡1-5）
現実に仮想のモノを表示して操作するとき、その空間や物体、位置関係を正確に認識する技術。

グラフィックボード （➡6-1）
GPUやビデオメモリ、冷却ファン、各種インタフェースが備わっており、パソコンのマザーボードと接続して使われる拡張カード。

さ行・た行

サーフェスリコンストラクション （➡7-4）
ポイントクラウドの点群データを補正し、3Dモデルにするまでの一連の処理。

シースルー型 （➡2-2）
外界にCGを重ねる方式。ビデオシースルー型と光学シースルー型の2種類がある。前者はカメラで現実空間を撮影し、CGを重ねる方式。後者はレンズを透かして現実世界を見ながらCGを重ねる方式。

ジオメトリ （➡6-2）
3D空間上の点や線、面といった基本的な形状を定義するもの。3Dモデルの骨格部分で、形や複雑さを決める。

スキニング （➡6-8）
各ボーンがモデルのどの部分を制御するかを定義するプロセス。これにより、ボーンが動くときにモデルのメッシュがどのように変形するかを決める。

スタンドアロン型 （➡2-2）
外部機器に接続せず単体で使用できるデバイス。

スティッチング （➡7-6）
撮影した映像や画像を1枚の円形に合成する技術。

ステレオスコピック法 （➡8-3）
左右の視点から別々に撮影した2つの360度映像を使い左右の目に個別に映し出すことで、奥行き感のある立体的な360度映像を実現する手法。

正距円筒図法 （➡8-3）
360度の球面映像を円筒状に投影し、その円筒面を展開・平面化することで1枚の画像にする手法。

タイムワープ処理 （➡5-5）
画面内容はそのままにしつつ、頭が動いた分だけの表示を行い、描写のひずみを補正する技術。

テクスチャマッピング （➡6-4）
3Dモデルの表面に模様や質感を適用する技術。

デプスバッファ （➡6-3）
3D空間上の各ピクセルを表示させるときにカメラからの距離を計算し、奥行きを判定するために使う技術。

トンネリング （➡3-3）
VRヘッドセットのディスプレイに映し出される映像の視野角を狭めることでVR酔いを抑える方法。

な行・は行

ハプティクス （➡3-2）
振動や圧力などで人工的な刺激を与えて、実際には存在しないモノの触覚を再現する技術。

パンケーキレンズ （➡2-4）
非球面レンズと凸レンズの2重構造により、光を反復反射させて拡大投影するしくみを持つレンズ。

フォービエイテッドレンダリング （➡5-3）
視線が集中している領域を高解像度で、視線から外れた周辺部分を低解像度でレンダリングする技術。

フレーム間圧縮 （➡5-11）
デジタル動画を1コマずつの画像に分割したフレームの中で、変化した部分のみを記録する方法。

フレネルレンズ （➡2-4）
従来の凸レンズを同心円状に切り、平面上に並べた構造を持つレンズ。

フローティングUI （➡3-6）
Floating User Interface の略称。空間に物体が浮かんでいる様子を演出できるUI。

ポイントクラウド （➡7-4）
3Dスキャナーで対象物を計測して得られる、座標値と色情報を持った点の集まり。

ポリゴンリダクション （➡7-5）
3Dモデルを構成する三角形ポリゴンの数を減らすことで、描画負荷を軽減する技術。

ま行・ら行

マーカー方式 （➡2-8）
手や手の各部位を追跡するための印（マーカー）をつけた専用の手袋と、動きをキャプチャする複数台のカメラを用いたハンドトラッキングの方式。

ミップマップ （➡6-5）
異なる解像度のテクスチャを複数用意し、視点からの距離に応じて適切な解像度のテクスチャを使う技術。

ラスタライズ （➡6-2）
ポリゴンをピクセルの集合体に変換する処理。

リアルタイムレンダリング （➡1-7）
動きに合わせてCGを即時に生成・更新する技術。

リギング （➡6-8）
3Dモデルに骨格や関節を設定し、人間らしい動きをシミュレートして自然な動作を実現する技術。

リフレッシュレート （➡1-7）
1秒間に映像を切り替える回数。数値が大きいほど自然で滑らかな映像になる。

レイトレーシング （➡6-10）
光線の放射、反射、屈折などをシミュレーションすることで、リアルな陰影表現を実現する技術。

レンダリング （➡3-8）
コンピュータがデータから画像や映像を作る工程。

索引

【 数字 】

3DoF	24, 42
3ds Max	162
3Dスキャニング	88
3Dモデリングスキル	60
3次元音声処理技術	118
6DoF	24, 42

【 A〜N 】

AI	26, 108, 112
Apple Vision Pro	200
API	152
AR	12, 16
Blender	162
CesiumJS	194
CPU	64
Depth scaning	92
Depthセンサー方式	44
Diffusion Model	180
DNN	108
DoF	42
EEG	122
FBX	160
FOV	172
FPS	40
GAN	108
Gaussian Splatting	120
GI	144
glTF	160
GPU	34, 64, 126
GPUシェーダー	138
HRTF	118
HTC VIVE	208
IK	142
IMU	46
Inside-Outトラッキング方式	46
IPD	30
k近傍法	166

【 O〜X 】

LiDAR	92
LOD	136
Magnifier Array	100
Maya	162

Meta Quest	206
Microsoft HoloLens 2	212
MLO	116
MPEG-DASH	102
MR	12, 20
MU-MIMO	116
Nearcast	78
Near-Eye Light Field Display	100
NeRF	120
NIRS	122
NPU	40
OBJ	160
OFDMA	116
OpenGL	152
OpenGL ES	154
Outside-Inトラッキング方式	46
P2P方式	78
PET	122
Pitch	172
PlayStation VR2	202
PLY	160
Point Cloud	88
PPD	38
PTZカメラ	82
SDR	148
Simple Magnifier	100
SLAM	92
SoC	40
SRTP	104
STL	160
Structured light	92
STUNサーバー	104
TCP	76
ToF	92
TURNサーバー	104
UDP	76
Unity	184
Unreal Engine	186
UVマッピング	132
Varjo	210
visionOS	190
VPS	86
VR	12, 18
VRM	80

237

VRS	96
VR元年	22
VR酔い	26, 94
WebGL	156
XR	12

【 あ行・か行 】

アイトラッキング	58
アバターフェイスアニメーション	112
アバターリップシンク	110
色収差	36
インスタンシング	98
インスタンシングステレオレンダリング	98
ウェイト	142
動き補償	106
エコーキャンセル	72
エッジの収縮	168
オーディオレイトレーシング	118
オート追跡撮影	82
オクルージョン	130
音響解析技術	56
ガウス関数	120
加速度センサー	46
キューブマーチング法	166
空間マッピング技術	20
グローブ型コントローラー	50
クロスシミュレーション	150
光源推定	196

【 さ行・た行 】

サーバークライアント方式	78
サーフェスリコンストラクション	166
シースルー型	32
ジェスチャー認識	74
ジオメトリ	128
ジオメトリシェーダー	138
ジッターバッファ	72
ジャイロセンサー	46
焦点距離	30
触覚フィードバック	50
スキニング	140
スキンアニメーション	142
スティッチング	170
ステレオスコピック法	188
スプラット	120
正距円筒図法	188
全天球撮影	172
タイムワープ処理	94
チルト	82

低遅延性	62
テクスチャマッピング	132
デプスバッファ	130
点群データ	88
瞳孔間距離	30
トーンマッピング	170
トラッキング	24
ドローコール	98
ドロネー法	166
トンネリング	54

【 な行・は行 】

ノイズサプレッション	72
バーテックスシェーダー	138
バイノーラル録音	118
ハコスコ	204
ハプティクス	52
パンケーキレンズ	36
ハンドトラッキング	44
ピクセルシェーダー	138
ビジョンベースAR	16
フォービエイテッドレンダリング	90
物理エンジン	146
フレーム間圧縮	106
フレネルレンズ	36
ブレンドシェイプ	112
フローティングUI	60
ボイスジェネレーション	108
ポイントクラウド	166
ボーン	140, 142
ポリゴン	128
ポリゴンリダクション	168

【 ま行・ら行 】

マーカー方式	44
ミップマップ	134
モーショントラッキング	196
モバイルゲームエンジン	184
ライティング	144
ラスタライズ	128
リアルタイムレンダリング	24
リギング	140
リニア共振アクチュエータ	52
リフレッシュレート	24
両眼視差	30
ルームスケール移動	54
レイトレーシング	144
レンズアレイ	100
レンダリング	64, 90

執筆協力

メタバース相談室 編集部
monoAI technology 株式会社

メタバース相談室は、monoAI technology 株式会社が運営するWebメディア。メタバース、XR、AI、NFTなどの最新テクノロジーから、オンラインゲーム、ガジェットなど、幅広いジャンルの最新情報を、わかりやすく発信している。

著者プロフィール

monoAI technology 株式会社

monoAI technology は、「先進技術で、社会の未来を創造する。」をミッションとし、自社開発の大規模通信エンジンを搭載したメタバースプラットフォーム『XR CLOUD』の開発および提供を行う。その他、XR ソリューション開発コンサルティング、AI を用いたソフトウェア品質保証サービスの提供を行っている。

装丁・本文デザイン／相京 厚史（next door design）
カバーイラスト／加納 徳博
DTP・本文図解／BUCH$^+$　イシクラユカ

図解まるわかり VR・AR・MR のしくみ

2024 年 10 月 17 日　初版第 1 刷発行
2024 年 12 月 10 日　初版第 2 刷発行

著者　　　　monoAI technology 株式会社
発行人　　　佐々木 幹夫
発行所　　　株式会社 翔泳社（https://www.shoeisha.co.jp）
印刷・製本　株式会社 加藤文明社

©2024 monoAI technology Co., Ltd.

本書は著作権法上の保護を受けています。本書の一部または全部について（ソフトウェアおよびプログラムを含む）、株式会社 翔泳社から文書による許諾を得ずに、いかなる方法においても無断で複写、複製することは禁じられています。
本書へのお問い合わせについては、2 ページに記載の内容をお読みください。
落丁・乱丁はお取り替え致します。03-5362-3705 までご連絡ください。

ISBN978-4-7981-8580-4　　　　　　　　　　　　　　　　　Printed in Japan